TBS JUNK

BANANA MOON GOLD

10 YEARS BOOK

TEXT BOOK / HIROMENESU

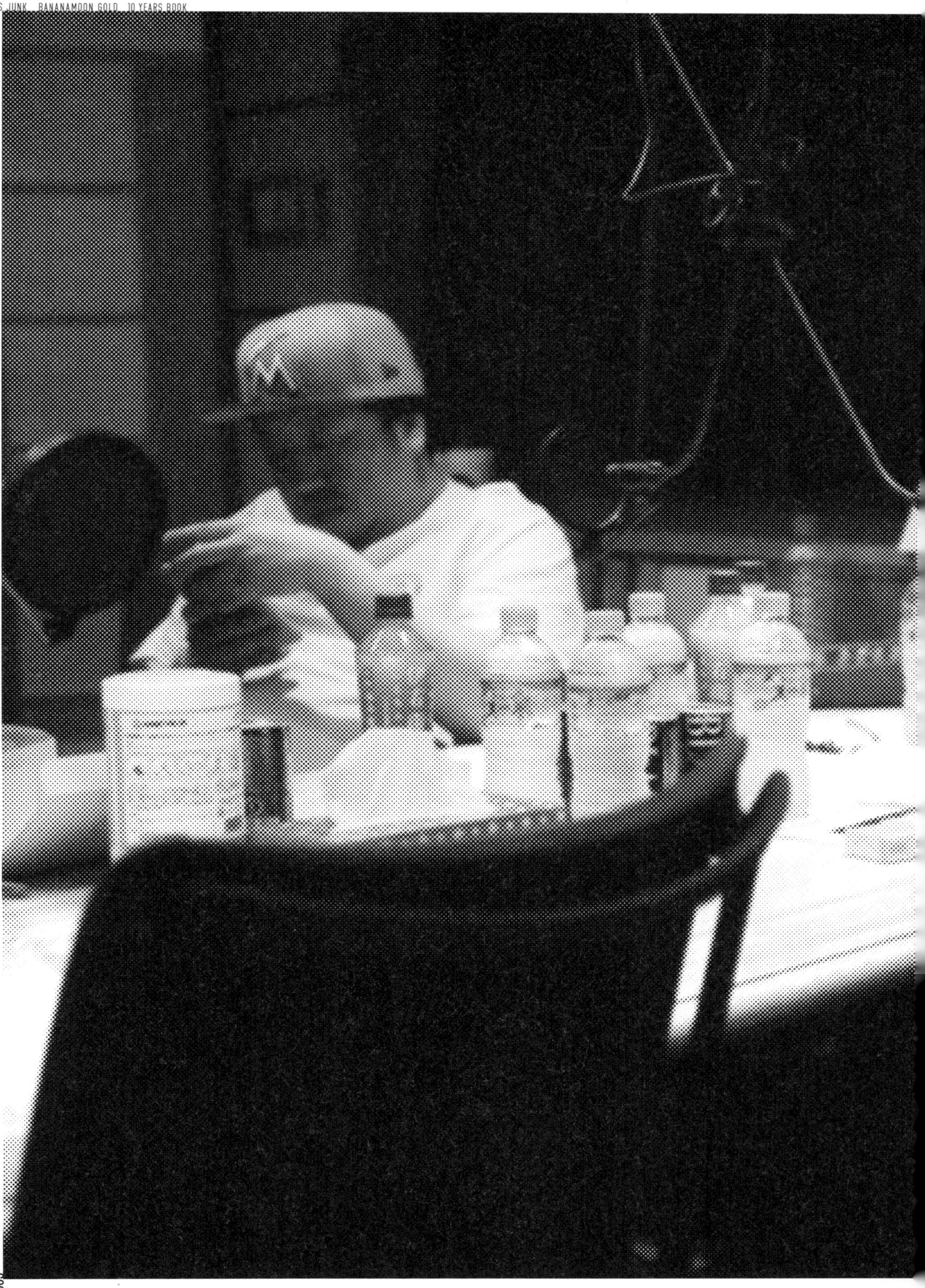

ラジオネーム
Per助

右に4回、左に7回ポコチンを回すと外れる。

設　これが広まってほしい。右4回、時計回りかな。左に7回ポコチンを回すと…。
日　ボッて外れるの?
設　取れちゃうの。でもまず回らない。うん、いい。
日　おもしれえな。
設　いいよね。

ラジオネーム
プレゼントはとりごたい

つむじとアナルを同時に押されると、体からカチャッと変な音がする。

日 何かが外れんの？ カチャ…？
設 うん。

ラジオネーム
社交性ゲロ以下

スマホのQRコードリーダーでアナルを読み取ると、人生であと何回うんこをするのかわかる。

設 肛門ピピッてやったら、たぶん数字がパパッと出てくんだね。で、あと何回うんこするかがわかんだって。すごいね。

日 くだらねぇ。なんだよこれ。

設 やっぱさ、最新の機器を使ったこういう都市伝説ってのが出てくるよね。

日 出てくるね。

ラジオネーム
あこがれのトランジスタガール

偶然7人の男が同じ時間に同じおかずで、オナニーし同時にイクと異次元に飛ばされる。

設&日（大爆笑）
日 ふわっとしてんなぁ、色々と。
設 こえぇよ、でもこれも。
日 なんだよ、異次元って。
設 でもって、イった瞬間に異次元にフォンって行っちゃうんだよ。
日 7人ともビャンって行っちゃうんだ。
設 そうだよ。これ、だから偶然だから。
日 バカっぽいなぁ、この異次元て。
設 同じ時間に同じおかずでオナニーして同時にイっちゃうって。
日 だからけっこう難しんだよ。同時にイクのむずいよ。
設 うん。
日 ね、異次元とかバカっぽいなぁ。
設 ね、バカっぽいよね。

ラジオネーム
ファイヤーダンス失敗

女の人のこめかみを
1分間優しく押し続けると
ヤレる。

ラジオネーム
ギャルソン塩ぐい

ゲームセンターで
女の子が欲しいと言った景品を
すべて取ることができたら、
ヤレる。

ラジオネーム
ファイヤーダンス失敗

女の人に
「へその緒を見せて」と頼んで
見せてくれたらヤレる。

ラジオネーム
天空にいる太郎

好きな女の手のひらを舐めて
甘かったらヤレない、
甘じょっぱかったらヤレる。

ギャルソン塩ぐい《ラジオネーム》

女の人の泣きぼくろを
舐めることができたら
ヤレる。

ミルクココア《ラジオネーム》

女の子の爪と
自分の爪を
交換できると
ヤレる。

ヤレ

謎解きポテト《ラジオネーム》

質問に対して
「ご想像にお任せします」
と答える女はヤレる。

メガネ玉手箱《ラジオネーム》

女の子の肩に
電気マッサージ器を当て
少しずつずらしていき、
バレずに腰骨まで辿り着けたら
ヤレる。

ラジオネーム
近藤バルナ

日村勇紀は傘のことを、コウモリと呼んでいる。

日 言わねーよ！
設 「あれ、コウモリ持ってこうかな」。
日 言わない。

ラジオネーム
トゲトゲカッパーマン

日村勇紀はリモコンのことを、カチャカチャと呼ぶ。

設 「あら、カチャカチャがないな。カチャカチャ間違えて持ってきちゃったよ」。
日 カチャカチャ（笑）。あぁ、なるほど。
設 昔の人の言い方だね。
日 昔の人は言うね、カチャカチャって。
設 回してたからね、カチャカチャ。
日 そうだね、だからか。
設 つまみを。
日 そっか、そういう意味か、カチャカチャって。なるほど。

ラジオネーム
紫の三角

日村勇紀はプラスティックのことを、プラッチックと言う。

日 関西人の方はね、プラッチックとかね、言うよね。

ラジオネーム
武五郎

日村勇紀はガソリンのことを、油と言う。

日 言わない。
設 「油入れないと」。
日 ガソリンって言う！

ラジオネーム **ファイヤーダンス失敗**

バナナマンの設楽 統は、年収を訊かれたときに「今川焼きでもらっている」と嘘をつくが、本当に今川焼きでもらっているのは、日村勇紀のほうである。

設&日 （笑）

日 いや、俺やばい。どんだけ好きなんだよ、今川焼きが。

設 本当にもらってんのは日村さん。

日 言わなくていいからね。でも俺は今川焼きにしてくれと。

※設楽は、以前「給料は今川焼きでもらっており、たくさんいただくため、余った今川焼きはマネージャー小山へ渡している」と語ったことがある。ちなみにその後、自邸を建てた話のときに、給料は今川焼きではなく現金でもらっていたと明かした。

設 これ俺じゃないよ、ラジオネームだよ。

日 ラジオネームね。

ラジオネーム **設楽（本人）**

日村の顔面にくしゃみをすると、風邪が治る。

日 やだよ（笑）。

設 これ広まったら大変だよ。みんな来るぞ。

日 広まったら最悪だぞ。

設 でも、かわいい子が来るかもよ。

日 だったらラッキーよ。口開けてるわ、俺。アーって。

ラジオネーム **だるだるま**

実は日村は3体存在していて、明日仕事の日村はもう寝ている。

日 ちょっと待って。最近さ、バカすぎない？ 最近来るやつ。もう寝ているって！

設 こえー。だから今日話したこととか、いつもなんかピンとこねーんだ、日村さん。

日 そうだ。

設 話したこともよく覚えてないし、わけわかんないこと言うし。

日 ちゃんと伝わってないんだよ、次の奴らに。

ラジオネーム **世界人間16号**

日村勇紀のホクロを舐めると、グミをひとつもらえる。

日 俺次第じゃん、それ。

ラジオネーム
手の届かない人

しりとりを5時間やり続けると死ぬ。

日　死ぬ！（笑）。

設　ただ淡々としりとりやってると死んじゃう。5時間てね。やばいでしょ。長いでしょ。

日　この音があってさ、ちょっと怖いんだよね。俺。このコーナー。

設　あ、ごめんね。じゃあ、どうする？

日　言い方もうまいんだよ。「しりとりを…5時間…やり続けると…死ぬ」。

設　でもそのほうが雰囲気あるから。

日　笑い声で掻き消して！　そのあと。

ラジオネーム
マッハの大根足

A4の紙を鉛筆で真っ黒にすると4日後に死ぬ。

設　これ怖いね。

日　これうまいとこ突いてると言うか。なんか、真っ黒ってできないもんね。

設　A4の紙、4日後、ね、これかぶせてくる感じね。

日　あぁ、なるほどね。4を。

ラジオネーム
コチロー

うんこをしている途中声をかけられると死ぬ。

設＆日　（笑）

日　そんなのさ、何回もあるよね。

設　けっこうあるよね。けっこうあるかもしんないね。いや、でも何回もある？　うんこしている途中に声かけられなくない？

日　でもあるでしょ？　うんこしてるときにさ、なんかわかんないけどさ。

設　あるかなぁ？

日　あるよね？　「そろそろ行くよ」とか言われて。

設　あぁ。

日　うん、ねぇ、したら死んじゃうんだよ。

設　なるほどね、気をつけなきゃ。

日　気をつけないと。

ラジオネーム **ヤッケ**

部屋の中で妙な違和感を感じたときiPhoneのSiriに「今何かがいる?」と訊くと「はい。あなたの後ろに」と答える。

日　ガチで怖ぇのよこすんじゃないよぉ、この時間にぃ。
設　怖かった?
日　帰れねぇわ、しばらく家に。こういうの怖ぇわ。
設　帰れない（笑）。

ラジオネーム **明日やろう**

寝起き朝一のおしっこがふたつに分かれると、その日、人生の選択を迫られる出来事にあう。

日　俺なんかしょっちゅうだよ、こんなもん。そんな人生を迫られるような二択こないよ。
設　人生の選択を迫られる出来事に遭う日だから。
日　そう。
設　心してね。

ラジオネーム **ろくでなし**

ちんこの語源は未だに解明されていない。

設&日　（笑）
設　確かになんだろうね。
日　確かに。
設　学術用語じゃないもんね?
日　絶対違う。

ラジオネーム
ミルクココア

バナナマンのふたりが、炊き込みご飯の話をしているときに、「白飯がいちばん好きだな」と言うと、死ぬ。

設 炊き込みご飯の話、秋になるとするからね。

※ バナナマンのふたりは、毎年秋になると炊き込みご飯や旬の食べ物の話で盛り上がり、日村は話につられ、後日そのご飯を食べに行くのが恒例化している。

ラジオネーム
チョップマンのキック

今日の放送中、ADジャニオタは一度も笑っていない。

設 最悪だぞ、これ。

日 パッと見たとき確かに笑ってなかったね。

設 パッて見たら、うん、笑ってなかった。なんかこう、鼻の頭を見てる感じだった。自分の目で、自分の鼻の頭をこう。

日 わかる。今は笑ってんのよ。今は自分のこと言われてっから。でも、たまにパッと見たときとかね、全然笑ってない。

設 うん、そうだよね。

日 わかる、わかる。

偏見

ラジオネーム
バスケットカウント

人に傷口を見せてくる奴は、ザコ。

日 都市伝説なのかはよくわかんないけど。
設 これ、偏見じゃない?
日 偏見だよね。
設 でもこれヒロメネスに来てるからね。
日 偏見だね、これね。

ラジオネーム
ヒゴモッコス

喧嘩時に指を鳴らす奴は、ザコ。

日 ポキポキ、ポキポキ。うん。ザコがやりそうだね。

ラジオネーム
ホリキタマキロン

写真を撮るときにファイティングポーズをとる奴は、ザコ。

設 まぁね、ザコっぽいよね。
日 やるよ、俺なんかすげーやるよ!
設 やるね。
日 やるよ、ザコか。
設 ザコかな。
日 まぁな、ザコか。

ラジオネーム
満月武

大人数で写真を撮るときに最前列で横たわる奴は、バカ。

日　「バカ」って、ひとことで言っちゃう。
設　いちばんの人気者とかだよね、だいたい。お調子者か。
日　ちょっといじられ役とか。

ラジオネーム
ジャガー

レストランのバイキングで一周目からカレーを持ってくる奴は、バカ。

日　わかるわかる。な〜んかバカっぽいね。
設　うん。

ラジオネーム
鳥獣戯画ジャクソン

スイカを叩いているうちに楽しくなっちゃう奴は、バカ。

設　まぁそりゃそうだね。

ラジオネーム
ボールにいっぱいのポテトサラダ

プリンをおっぱいだと思い込む催眠術をかけてほしい。

日　確かに（笑）。
設　確かに？

ラジオネーム
ジダンヘッド

食べ物に異物が混入していても、かわいい女の子の毛とかだったら食べたい。

日　偏見なの今のは？　これどこが偏見なの（笑）。
設　宣言だよ。宣言も送ってください。宣言もいいですよ。
日　食べたい！
設　オリジナル宣言でね。
日　これわかるもん。

ラジオネーム
ロマンシングサダ

かわいい子が使った汗拭きシートで手巻き寿司がしたい。

日　最っ低ーだ（笑）。
設　やばい。
日　何言ってんだよ。
設　やばいよね。

ラジオネーム
しゃかりきコロンブス

飲み会の〆におっぱいを揉ませてほしい。

日　最高の〆だね！
設　「えーい。最後じゃあね、はいはいモミモミ！　はい！」。
日　「お疲れ様でした～！」。
設　最高だよね。
日　モミモミ。

ラジオネーム
ダンケシェン

生まれ変わったら
もち米になって、
かわいい女の子に
つかれたい。

設　あ〜すごいなこれは。
日　もっと望みを高くもとうよ。生まれ変わるんだったら、ちょっともったいないな、もち米はな。

ラジオネーム
天草大王

パピコを
半分もらうより、
片乳を
揉ませてほしい。

設　いやそりゃそうだよ。

ラジオネーム
顔デカアドバルーン!!

ドクターフィッシュになって、
かわいい子の足の角質を食べたい。

日　いいねぇ〜、そりゃそうだ。

演

ラジオネーム
振りすぎファンタ

まず、バナナマンの日村さんは、
全裸になってこの回転する台の上に立ってください。
そして回転しているときに
ライザップの音楽が流れます。
そのときはしょんぼりした顔をしてください。
そして、音が変わった瞬間に満面の笑みで
ちんこの皮を剥いてください。

設 身体、ただのデブのまんま、ただ回って、ちんこ剥いてるだけ（笑）。

ラジオネーム
おさるのシンバル

今から女性には旗あげゲームのちんこバージョンをやっていただきます。ルールは簡単です。私が「ちんこ剥いて」と言ったら私のちんこの皮を剥き、「ちんこかぶせ」と言ったらちんこの皮をかぶせてください。例えば、「ちんこ剥いて、ちんこ剥かないで、ちんこかぶせ。ちんこ剥いて、ちんこ剥かないで、ちんこ剥いて」といった感じです。それでは、よ〜い、始めっ！

日　（笑）
設　いや、こんなことやったら出ちゃうよね、これ。
日　（笑）
設　それが狙いか。
日　そっか。

ラジオネーム
餃子兄弟

ヒデイトリサトシ、ヒデイトリサトシ、ヒデ　イトリ　サトシ、一番目でわかった奴はバナナムーンの聴きすぎで死ぬ。

日　ヒデとイトリとサトシかな。
設　どこでわかった?
日　3回目です。
設　これ文字で書いたほうがわかりづらいけどね。
日　これ一発目でわかったら死んじゃうんですね。
設　うん。気をつけてね。
日　いや、気をつけてねって。

※バナナマンのふたりが呼ぶ愛称で、ヒデはバカリズム、イトリはスピードワゴン井戸田、サトシは東京03飯塚のこと。

ラジオネーム
ルサンチマン

バナナマンが若かりし頃に出会った「お前変な顔してるな」と日村に言った男は、未来からタイムスリップして来た80歳の日村。

日　あいつ俺なんだ。
設　あれ、神様かと思ってるんだけどね。違うんだ。タイムスリップして来た…そうだ、ビフ・タネンみたいなもんだね。
日　そうですね。ビフ・タネンがまさにそうだったからね。
設　うん。これはいいね。
日　歯、なかったしな、あいつそういえば。
設　そうだね。

※20年以上前、バナナマンのふたりが駅で待ち合わせをしていると、漫☆画太郎作品に出てくるようなおじさんが日村に向かって「お前変な顔してるな」と言い、去っていった。

ラジオネーム
上京したいバッキンガム

日本中の学校にある二宮金次郎像はすべて、ホワイトハウスの方向を見ている。

日　なんで？
設　なんでホワイトハウスにしたかってね、ここがポイントだよね。なんかあんのかな。
日　あるんだよね、こういうの。

ラジオネーム
犬の家

ヒロメネスで読まれているネタは、毎週ひとつだけ真実がある。

設　怖いね。
日　怖いわ！

ラジオネーム
リバイアサン

深夜2時22分にテレビをつけ、リモコンの4と9と11のボタンを同時に押すと、テレビに明日起こる出来事がすべて映っており、誤って早送りのボタンを押してしまうと、死ぬ。

日　何、今の。考えたら、すげぇこえーよ、今の！やりたくなるじゃん、こういうのってなんかさ。
設　気をつけて。

ラジオネーム
塩食い

山の頂上で「やっほー」と13回叫ぶと、「もういいだろ」と肩を叩かれ、振り返ると誰もいない。

設 怖いね！
日 怖い話を聞かされる感じだね。
設 13ってのもね、なんかね。
日 そこにいってるわけですね。

ラジオネーム
月の住人

何もないとこでつまずいたとき、そこには霊が寝そべっている。

日 だから怖ぇつーの。なんでちょいちょいそういうのが入ってくる。
設 あるよね、なんにもないとこでつまずくの。

ラジオネーム
ちーたん

アンジャッシュ児嶋が愛車を洗車すると、死ぬ。

日 してないんだよね、児嶋ね。
設 いや、あの人、もうすごいんだよ。
日 信じらんないから。
設 買ってもう何年もしてないって言ってた。
日 10年以上だよね。
設 洗うよね、普通。
日 1回も洗ってないんだって。信じらんない。
設 本当すごいよあの人は。そりゃあ、洗ったら死ぬ可能性あるな。
日 うん、あるね。

ラジオネーム
プタンゴパパ

乃木坂46全員の身長を足すと、46メートル。

日 おぉ！
設 ぽいよね！
日 うん、ぽい！
設 だって今、全部で33人？（編集部註：2015年11月放送時点）
日 33〜34人でしょ？
設 ちょうどそのぐらいになりそうじゃない？
日 あぁ、なんかぽい。
設 ぽいね！

ラジオネーム
フリーズムーン永原

ラブレターズ塚本をレントゲンで撮影すると、何も映らない。

設 ガイコツってんのにね。
日 ガイコツも映らない。
設 なんにも映んない。
日 なんにも映んない。

※ 設楽の「友達が欲しい！」発言から、企画として立ち上がった『設楽 統の友達探し』で呼ばれたお笑い芸人の中で、お笑いコンビ『ラブレターズ』の塚本が〝ガイコツ〟と名付けられ、子分になった。

ラジオネーム
トッティー

アンガールズ田中は相方・山根のことをテレビカメラが回っている間は山根と呼ぶが、カメラが止まっていると山根ではなく、下の名前の良顕と呼んでいる。

日 よしあき。
設 よしあきと呼んでいる。
日 …あの、違うんですよね。今、設楽さんが読んでる間に、音がすごい入ったんですよ。〝ナル〟が立てた音が。
設 ギーってドアを開ける音とか、マイクにボンッてぶつかったりとか。
日 それが気になっちゃったんだ。
設 うん、そうそう。
日 「よしあき」っていうところにちょうどね、そこにかぶっちゃった。
設 うん。

ラジオネーム
ふてねよポニー

日村勇紀は「おかわり」ではなく、「もういっちょ」と言う。

設　「もういっちょ！」。しかも低いトーンで言う、もういっちょ。
日　（笑）
設　ちょ、おもしれーなこれ。
日　なんなのこれ。
設　もういっちょ！
日　もういっちょ！
設&日　（笑）
日　なんだ、「もういっちょ」って。
設　言えばいーじゃんこれから。
日　言おうかな。
設　おもしろいね。もういっちょ。
日　もういっちょ。
設&日　（笑）
日　これどこで使ってると思って言ってる？
設　俺はご飯だと思ってる。
日　ご飯だね。
設　うん、ご飯だね。
日　お店とかでも言っていいのかな。「もういっちょ」。
設　飲み物でもいいんじゃない？
日　ああそうだね。「すみませーん、もういっちょ！」。
設　（笑）。おもしれーな。

ラジオネーム
カレーうどん大好き

AD泥棒の高校のときのあだ名は、コソ泥。

設　今はね…。
日　出世したね、ずいぶんと。

ラジオネーム
天草大王時貞

東京03角田のデベソは、東京03飯塚のヘソにぴったりハマる。

日　向こうもあれだけ何？ 凹んでんの？
設　凹と凸でね。
日　うーんなるほどね。
設　だからふたりは運命なんだよな。

ラジオネーム
おさるのシンバル

プロデューサー宮寄は、服屋で服のサイズが合わなかったとき、店員に「これのフィアーザありますか？」と訊く。

日 うっはっはっは、意味がわからない。「は？」だよ。
設 「これは違うから、フィアーザのほうを持って来てくれ」ってことだよ。
日 あ、そっか。フィアーザのほうが知りたいんだ。

※ プロデューサー宮寄は、海外ドラマ『ウォーキング・デッド』のスピンオフ『フィアー・ザ・ウォーキング・デッド』を本編と間違えてしばらく観ていたことが発覚。それ以降、本物とは別のものを指すニュアンスで「フィアーザ」という言葉が使われるようになる。

ラジオネーム
群馬のダムお

野呂佳代が服を脱ぐと、毎回必ずからあげが落ちてくる。

日 （笑）

設 どっかに入ってたんだ。

日 入り込んでたんだね。

設 昔、日村さん、あったね。布団めくったら…

日 まぁありますね。

設 うん。

ラジオネーム げすぱ

うどんを食べて「シコシコしてて美味しい」と言う女は、ヤレる。

日 いやもう、これははっきり言って興奮するよ！

設 シコシコって言わないもんね。コシがあって、とかだよね。

日 うん。

設 なんか若い子でね。

日 うん。

設 うどん食って「シコシコして美味しい」って。

日 ね！

設 ね！ これはもう、ヤレるかどうかはわかんないけど。こっちは興奮する。する。相当する。

日 そうね。

設 うん。

ラジオネーム 豆腐小僧

うどん屋でぶっかけうどんを頼む女は、大体ヤレる。

日 ヤレねぇっつうんだよ！ 無理だ、これは無理だよ！

設 確かに「ぶっかけ」ってなんかさぁ、もうね。

ラジオネーム 満腹亭いなり

お祭りでたくさんある屋台の中からフランクフルトをチョイスする女は、ヤレる。

日 ヤレるか!? ヤレねぇだろうな。

設 んー、ヤレるん…。

日 ヤレるかい？

設 確かにちょっとまだ不安。

ラジオネーム 勝手に生姜焼き

苺に練乳を浸けてまず練乳だけ舐めてみる女は、ヤレる。

設 ヤレる奴の基準がわかりやすくなったね。

日 そうだね。

設 大体かじるからね。舐めちゃわないじゃん。

日 うん。舐めない。

設 ヤレるね、これは。

日 うん。ヤレる。

ラジオネーム
りんごに爪楊枝

食べ放題で「絶対元とろうねっ」と言う女は、ヤレる。

設　ヤレそうだよね。かわいいよね。
日　そうそうそうそう。

ラジオネーム
豆腐小僧

雪見だいふくを食べているときに、1個くれる女の子は、ヤレる。

日　（笑）。ヤレるまでいっちゃうかなー？　すげーいい奴だなーと思うけど。
設　でも雪見だいふく2個しかないんだから。
日　ヤレる…ヤレるかな。
設　1個くれる子は…1個…いやもっとくれるでしょ、いろんなモン。

ラジオネーム
匿名

ブラックコーヒーを飲めないと言う女は、ヤレる。

日　発想すげーぶっ飛ばしてくんな。
設　でも、ほら、甘かったりとかまろやかにしなきゃっていう人はなんかこう、やらかいんじゃない？

ラジオネーム
ダイユウ

好きな食べ物を訊かれて、マカロンと答える女は意外とヤレない。

日　あぁー。
設　ヤレそうだけどな。
日　そっかぁ。意外とかぁ。
設　意外とヤレないって。
日　ヤレないよ、そりゃ。

ラジオネーム
猛反発まく

かわいい女の子から
かかってきた電話の
バイブレーションを使って、
オナニーしたい。

ラジオネーム
天草大王

「オナニー」と言うと
生々しいので、
これからは
「おちんちん撫で撫で」
と言うようにします!

ラジオネーム
カレーよりハヤシ

もしもタイムマシーンがあったら、
初めてオナニーする自分に会いに行って、
一緒に記念写真を撮りたい。

ラジオネーム
別れ際、ちょっとムキになる

日村さんが
結婚したことを聞いたら、
テンションが上がって
いっぱいオナニーしちゃいました。

ラジオネーム
宇宙人チューータ

そうだ！
部屋を真っ暗にして
オナニーをしよう！

ラジオネーム
ひとりボッチーニ

俺がひとり暮らしを始めたら、
醤油とシーフードの
カップヌードルを食べて、
食べ終わったら
片付けをしないで、
オナニーをしてやるんだ！

ラジオネーム
天草大王

ここ最近、
オナニーの調子がすこぶるいいので、
シコる右手が止まって見えます！

ラジオネーム
カズヒラミラ

アンジャッシュ児嶋は、きな粉と言っておがくずを食べさせてもまったく気づかない。

日 これはありえる。
設 うん、砂糖混ぜりゃたぶんわかんないよね。
日 うん、これはもうマジでありえる。鰹節でもいいもん。
設 鰹節なんつったら全然わかんない。削った木食うと思うよ。
日 うん、全然食っちゃう。

ラジオネーム
シュウゾウのいない夏

ホットドッグを発明した人はパイズリも発明した。

日 確かに!
設 まぁねー、なんか挟むのが好きな感じでね。
日 確かに! 素晴らしいね。
設 でもホットドッグより先にパイズリのほうがやられてたんじゃないの?
日 あー、順番からしたらもしかしたらね。パイズリからのホットドッグはねぇ…。
設 パイズリからのホットドッグなのかな(笑)。
日 あーかもね、ほんとだね。
設 うーん、どうなんだろう。

ラジオネーム
Crazy Crazy

日村勇紀はおしっこしに行くときは、おしっこに行ってくると言い、うんこをしに行くときは、トイレ行ってくるという。

設 まあ。
日 ない話でもない…。
設 「おしっこしてくるわ…ちょとトイレ行ってくるわ…」。
日 ああ正解かも、正解かもしんない。うんこ行ってくるってあんま言わない、そういえば。
設 うん、うん。

ラジオネーム
めがねたまてばこ

スピードワゴン井戸田潤に「同情するなら金をくれ」と言うと、泣きながらくれる。

日 うっはっはっはっは、泣きながらなの。
設 なんか響いちゃうなあ。

ラジオネーム
マキシマムザマサトシ

うんこ座りと座りうんこの違いは出てるか出てないか。

設 日村さんのことじゃない?
日 俺のことじゃないけど（笑）。都市伝説じゃない、これはなんなの? 何を聞かされてんの? いやそりゃそうだよ、だけど!
設 確かにね（笑）。
日 これどこが都市伝説なの。
設 だからコンビニの周りでうんこ座りで不良がいたとしても、うんこが出てたらそれはうんこ座りじゃない。
日 うんこ座りじゃない。
設 座りうんこだと。

ラジオネーム
振りすぎファンタ

えーまず日村さんとオークラさんと成瀬さんは、ベッドで寝ていてください。すると窓の外からプロデューサー宮嵜さんがピーター・パンの格好をして現れます。そして、宮嵜さんは3人を起こして、「フィアー・ザ・ネバーランドに行きたくないかい?」と誘ってください。そして3人は、「行きたい」と言ってください。そして宮嵜さんは3人を連れて、ネバーランドと言って草津の実家に連れて行ってください。題名は『フィアー・ザ・ピーター・パン』とします。あと、日村さんは寝ている間にうんこはくれぐれも漏らさないでください。それでは、ヨーイ、アクション!

設&**日** (笑)

ラジオネーム
ポカリスウェット

女性の方は包茎である僕のちんこを一度剥いてください! その後に全力で100M走ってください。僕のちんこの皮が、100M走っている間に戻らなかったらあなたの勝ちです。もし戻ってしまったら負けなのでもう1回剥いてもらいます。それでは、始めまぁす!

設 ゆっくりこう、ゆっくりいって、途中からトゥルンっていっちゃう。
日 けっこう、そいつ次第よ。

ラジオネーム
天草大王

えーまず日村さん、オークラさん、宮嵜プロデューサーのお3人は、素っ裸にガムテープパンツを穿いた状態でテーマパーク内に散らばって隠れてください。その後、総勢100人のギャルたちがテーマパーク内に解き放たれ、みなさんを見つけ出そうとしてきます。ギャルに見つかり、ガムテープパンツを剥ぎ取られてしまったら、その場でゲームオーバーです。制限時間の2時間、ずっとギャルたちから逃げ続けることができましたら、ご褒美としてギャル全員からキスのプレゼントがありますよ。それでは！『ガムテープパンツで逃走中』スタート！

日　夢だな、これ（笑）。

設　夢（笑）。寒くない？（笑）

日　いやーもうギャルから追っかけられてんだよ（笑）。逃げきれるでしょ。

設　逃げきれないでしょ、100人。まあパークのデカさにもよるか。

日　うん。

設　俺はさみーと思うな。

日　オークラは捕まるな。

オークラ　足のろいっすからね〜。

日　足のれーもんな。

設　足のろいっすからね〜。

ラジオネーム
魔法のティッシュ

「これ言っていいのかな」と前置きをする奴は、言う。

設&日（笑）
日 都市伝説なの？ これ。そういう説だよ、説。
設 説だね。
日 そういう説っていうか、そういう奴だよ。
設 言うね、これは。「これ言っていいのかなぁ」っていう奴は絶対言うんだよ。
日 言う！ 言う！

ラジオネーム
ゴブリン

「私、怒ると意外と怖いんだからね！」と言う女は、怖いというよりめんどくさい。

設 「私、怒ると意外と怖いんだからね！」。確かにね。
日 もうめんどくさいもんね。うん。

ラジオネーム
いかりこだいこ

ヒロメネスで「〜するとヤレる」というメールを送ってくるリスナーは、全員童貞。

日 まぁ、もうすごい夢があるから、やっぱそういう子たちは。
設 かもしれませんね。
日 ね！

ラジオネーム
満腹亭いなり

ドラフトの日に電話かかってこないかなと冗談を言う奴は、年内はヤレない。

日 俺、これ言うタイプ。
設 うん。気をつけて。10月末がドラフトなんですよ。まぁね、野球やってたりとか、ある程度年齢いってから「電話かかってくるか、ちょっとね心配なんだよね」「え、何がですか？」「いや、ドラフト、ドラフト」。
日 「…こねぇわ、お前には！」みたいなジョークね。
設 気をつけて。
日 もう絶対言わない。

ラジオネーム **ミサゴ**

モデルをやってて
バンドまで始める男は、
話がクソつまらない。

日　いやいや、偏見でもなくなってきてない？　大丈夫？　これ。

設　いや偏見だよこれでも。モテない奴の偏見。

日　誰かにめがけてやってない？　これ大丈夫？

ラジオネーム **鳥獣戯画ジャクソン**

オレンジジュースを飲む
おじさんは、
性格がいい。

設　まぁいいだろうな。

日　うん、性格がいい。

ラジオネーム **シャカリキコロンブス**

唐揚げとハンバーグが好きな奴は、
『バック・トゥ・ザ・フューチャー』も
好き。

設＆日　（笑）

設　確かに。

日　まぁなんかわかるけど。

設　わかる。

ラジオネーム　げすぱ

スマホの
保護シートに
気泡がたくさん
入っている奴は、
バカ。

日　ちゃんと貼れよっていうね！
設　それはそうだね。

ラジオネーム　Crazy Crazy

一張羅のスーツに
ジュースを
こぼされても
笑って許してくれる
おじさんは、
殺し屋。

設＆日　（笑）
日　なんちゅう偏見だよ!!　それ。
設　殺し屋。

ラジオネーム
ふじ

アド街コレクションの13番目に出てくる女性は、毎回同一人物。

日 なんでちょっとこえーんだよ。急にこういう、ちょっと雰囲気持ってるやつ出してくんのよ。

設 怖いね。

日 なんのため?

設 いや噂だから。広めるためだからね。

日 うん。なるほど。

ラジオネーム
ここのに

ツイッターで『IPPONグランプリ』観たけど俺のほうが大喜利面白いな」と呟くと、バカリズムから「殺すぞ」と返信が来る。

設 うん。来るかもね。

日 来るかもしんないよ。そりゃぁもう、来るよ。

設 来るかもしんない。

日 来るかもしんない、それは。

設 ね。

ラジオネーム
トッティー

焚き火の前でオナニーすると、一生童貞。

日 こえーわ。状況がこえーわ。焚き火の前で何やってんだよ、こいつっていう。

設 確かに。焚き火ってだいたい外じゃん? まぁ100パー外じゃん。そこでオナニーしちゃってる、で、火の中に出すんでしょ。

日 すんげぇ怖い、それ。

設 うん。これ一生童貞だから気をつけたほうがいいよ。

日 もうそんな奴、一生童貞だよ、もう。

設 嘘だから。これ広めていこうと思ってるだけだから。

日 そうだね。ちょっと怖かった。

設 ね。

ラジオネーム
シャチポコポコ

トイレで、GO!皆川のウンチョコチョコチョコピーを全力でやると、下痢になる。

設 出ちゃいすぎんのかな。

日 なるほどね。ウンチョコチョコチョコピーってやると。

ラジオネーム
コオロギマン

学校の校庭でみんなで輪になって射精するとUFOを呼べる。

日 呼べないよ!
設 なんか来そうだよね、でも。
日 射精しなきゃいけないんだよ? みんなで輪になって。
設 確かに。遅い奴がいたら来ないよね。
日 早いのも恥ずかしいし。もう出ちゃったよって。
設 早い奴がずっとぼーっと待って輪になって見てなきゃいけないっていう。
日 嫌でしょ。
設 そうだね。嫌だね。

ラジオネーム
長靴を履いたロボット

日村勇紀、イジリー岡田、蛍原 徹、デッカチャン、4人を並べると、パズルのように消える。

日 おかっぱっていう共通点があるね。
設 うん。
日 消えちゃうか。シュパーンって。
設 うん。ポコポコだったら3人で消えるけどね。
日 4人だとミサイルになっちゃう。なんか変なミサイルになってシュワーンって、4人がまとまって。
設 そうだね。

ラジオネーム
トッティー

温泉まんじゅうを温泉に入りながら食べると、死ぬ。

日 おぉ!
設 確かに温泉まんじゅうって温泉に入りながら食べる人いない。
日 温泉入りながら食べるまんじゅうじゃないから、あれはね。
設 でもそれをしてないだけで、すると死ぬって。
日 なるほど。

ラジオネーム
ファイヤーダンス失敗

野呂佳代は男。

日 (笑)
設 衝撃的な噂ですよね、これね。

ラジオネーム
錯覚ルソー

ドラクエで主人公の名前を「ひむら」にすると、たまに武器を失くす。

日（笑）

設 失くす？（笑）

日（爆笑）。あ〜失くなっちゃった、って。

設「ひむら　は　なくした！」。

日「日村は失くした…」。

ラジオネーム
寝耳にブスの喘ぎ声

バナナマン日村勇紀は生まれてきたとき、助産師に「おめでとうございます、元気な包茎の男の子です」と言われた。

設 余計なことを。
日 言うんじゃないよ! みんな最初は包茎じゃねーのか。
設 (笑)。ねえ。

ヒロメネス傑作選

2016/04/29

設 さぁ、始まりましたヒロメネス！ こちらのコーナーこの番組から、都市伝説、噂、首都神話を広めていこうという。

日 首都神話（笑）。

設 なんでもいいよってことなんですけども！ もうね～ヒロメネスが元々のコーナーなんですけど、偏見、宣言とコーナーがわかれてきちゃってね、ひとつひとつのコーナーにものすごい数のネタを送ってきてくれてるんですよ。ありがたいですね。

日 ありがたいね～！

設 その量がね、もう本当にバカみたいにあるんすよ。

日 （笑）

設 ほんっとにありがたい！ ありがたいけどねー、もう全部合わせたら…どんくらいあんの？

日 タイヤぐらい…。

設 タイヤぐらいあんの？ いや、なんのタイヤかにもよるけどさー。

日 四駆。

設 四駆のタイヤの厚みぐらいあるんですね。

日 あるある。

設 まじで30～40センチあるよね、全部積んだら。

日 すげーよね。みんな、宣言したいこととか、偏見があるってことだね、いつもね。

設 ホントだよ。じゃあちょっといきたいと思います。今日休みってことでね、関係ないけど。多めにいこうかな。

日 多めにね。

ラジオネーム
マキシマムザマサトシ

日村勇紀のポッケにはベーゴマが入っている。

日 ベーゴマなんか入ってないよ（笑）。

設 いやこれは広めていこうって。

日 いやまあ、入ってそうか？ 俺。

設 いやでも、入ってそうだよ。

日 入ってそうか？

設 ベーゴマが。

ラジオネーム
カレーよりハヤシ

日村勇紀はパンティをプレゼントするとき、同じものを自分用として買う。

日 広めないでくんねーかな、こんなの（笑）。頼むから。

設 これはやばいよねー。

日 広めないでほしい。

設 パンティ、プレゼントしてるからね。

日 それはしたことあるからね。

設 山崎さんにねー。

日 そうそう。

設 『ノンストップ！』で会ったとき言われた？

日 今回会ったときは全然言われなかった！

設 パンティ以外で、ほら前回プレゼントした。

日 前回のタンブラーは、言っていただいた。

設 おー。

日 それは「ありがとうございました日村さん」っつって。

設 おお。

日 鳥5体とか、そんなことやってたからさ（笑）。

ラジオネーム
豆腐小僧

バナナマン日村勇紀は、目をつぶらないとウンチができない。

日 （笑）。これは俺もしかしたら、そうなんじゃねーかと思っちゃう。

設 うーーん！ つって目つぶって（笑）。おもしろいね。

2016/05/06

ラジオネーム
豆腐小僧

日村勇紀はドン・キホーテのテーマ曲のリズムでオナニーをしている。

設 ドンドンドンピュッ。

日 早いな（笑）。ドンキまでいかない（笑）。

設 ドンドンドンピュッ。

日 ピュッ（笑）。

設 早いな。

日 早い。

ラジオネーム
ダイナマイトな他人

日村勇紀は設楽 統のことを、陰ではやっこさんと呼んでいる。

設 やっこさん。やっこさんは～…。

日 （笑）。昔の刑事（笑）。

設 「おい小山。やっこさんは～？」

日 （笑）

設 「おいオークラ。やっこさん」

日 俺、それやりたいわ。

設 やっこさんて。

日 「やっこさん入った？ もう」（笑）。やっこさんて。

設 「やっこさんは～」って。

日 あ～おもしれ。

ラジオネーム
フジ

バナナマン日村勇紀は、ゴー☆ジャスにもらった地球儀をもう捨てている。

日 捨ててないよ（笑）。捨ててない、ある。

設 捨ててそうだよね。

日 あるある。

2016/05/20

ラジオネーム
ザッキーザックン

日村勇紀は、手作りのオムライスにケチャップでジャニオタと書き、それを食べたときギンギンに勃起している。

日 おいちょっと、やべーだろ俺（笑）。大好きじゃんジャニオタちゃんのこと。

設 しかも飯食ってビンビンになるって、ほんとちょっとやばいよ。

日 やばいよそれ俺…。オムライスにケチャップでなんか書いたとか、やってないな～。…なんだ、ごめんなさいね、変な感想言っちゃって。

設 （笑）

ラジオネーム
神戸市ジャガー

バナナマン日村勇紀は包茎を剥くときに、ジャッジャジャ～ンと効果音をつける。

日 きもっちわりい（笑）。

設 ジャッジャジャ～ン♪

日 登場（笑）。そんなことやってたら超きもちわりぃ。あ～きもち悪い、今。

設 今度やるんじゃない？

日 ジャッジャジャ～ン♪ て？

設 （咳き込む）

2016/06/03

ラジオネーム

リオネルタッチ
日村勇紀が目をガン開きしているときは、大体何をすればいいかわからないとき。

日 (笑)
設 これちょっとわかる。これマジでそうだよ。
日 (笑)
設 目をガン開きして下唇…。
日 なんか考えてる。
設 考えてる感じを出してんだけど、なんかときどきするんだよ、そうやって。そういうときってたぶん、何すればいいのかわかんないとき(笑)。
日 それ当たってんじゃない? 当たってると思うよ。
設 よく目ガン開きしてるもんね。
日 話振られてなんだかわかんないときとか。ずーっと見てるわ。

ラジオネーム
弟の名前はベッショソタ
バナナマン日村勇紀は寝るときになかなか体勢がしっくりこないが、ここだと決まったときにガチンと音がする。

日 (笑)。おもしれーこれ。
設 なんか決まんねーなーってガサガサやって。
日 ね。
設 ここだーってときにガチン。
日 (笑)。めちゃめちゃおもしろいなこれ。
設 はまるんだな~。
日 ガチンて。決まるんだ。したら動かないんだ、そっから。
設 (笑)
日 めちゃめちゃおもしろいです、これ。

ラジオネーム
リオネルタッチ
日村勇紀はフランケンシュタイナーをするとき、ちょっとだけうんこを漏らす。

日 (笑)
設 フランケンシュタイナーってね、相手の首にこう…。
日 巻きついて。
設 両脚を…要は飛びついてね。
日 肩車の逆みたいな感じのね。
設 そう、股間を顔面に押し付けるみたいな…肩に両脚をのせちゃうみたいな。で、バク転みたいに後ろに反って相手を投げ飛ばすっていう技。
日 そう。
設 これのときに日村さん、うんこを漏らしちゃう。
日 ブリッつって(笑)。
設 フランケンシュタイナーやらないしねまず(笑)。だからやるときうんこ漏らすんだよね。
日 うぇい! つって。おーおーおー! つってブリッて。
設 おもしろいな~。

2016/06/24

ラジオネーム
サッドガール
バナナマン日村勇紀は会話の中で自分の話を話しだすときに、「一方その頃日村は」と言ってから話しだす。

日 なるほどね(笑)。
設 「一方その頃日村は」…なんなんだろね? はい。

ラジオネーム
ウマヅラどっとこむ
日村勇紀はパンツを立ったまま穿けない。

日 (笑)。なんでだよ。これで笑っちゃったちょっと。
設 座って穿くんだ、いちいち(笑)。
日 ちょっとおもしろいよね、これね(笑)。なーにやってんだよ。
設 立ったまま…まあね、靴とか靴下とか穿こうとすると倒れちゃうみたいなね。パンツも1回よいしょって、下丸裸のときに1回座ってるわけでしょ。
日 ちっちゃい子供みたいでおもしろいねこれ。

ラジオネーム
豆腐小僧
日村勇紀は新陳代謝のことを噛んで、ちんちんだいじゃという。

日 ちんちんだいじゃがさ。
設 すごい噛み方してんじゃん。
日 ちんちんだいじゃ。あーいいねー。

ラジオネーム
リオネルタッチ
日村勇紀はロコモコ丼のことを、ここんとこどうと言う。

日 噛んでねーよもうそれ。ここんとこどうって。いけるかいけないかみたいな感じになってんじゃん。全然違うじゃんもうそれ。ここんとこどう。ロコモコ丼。

2016/07/01

ラジオネーム
リトルモーツァルト
バナナマン日村勇紀は、靴べらを使って靴を履くとき、1回靴べらを舐める。

日 なんでだ(笑)。そんなの広めないでくれよ。なんでだ。
設 ハンディタイプのちっちゃいやつだったら、もう1回で口に全部入れんだ。アイスのスプーンみたいに口の中にこう。滑りがいいからね、滑りがいいから。

ラジオネーム
ガキのコロコローン
バナナマン日村は乃木坂46を噛んで、のり塩ポテトチップスと言う。

日 噛んでるとかのレベルじゃないんだよ(笑)。
設 乃木坂46。のり塩ポテトチップス。
日 ぜってぇ違う。ポテトの部分が絶対違うよ、46だもん。のり塩ポテ…(笑)。46とポテトチップスでしょ、全然違うじゃん。
設 でも乃木坂が遠くにいて「のり塩ポテトチップスー!」って言ったらこっち来るかもしんない。
日 それは、日村さんが呼んでるからで「おーい、のり塩ポテトチップスー!」って言っても絶対来ないよ。

ラジオネーム
リトルモーツァルト
バナナマン日村は、スズキタケヤスと会うと嬉ションをしてしまう。

日 同級生ね(笑)。誰かなと思った一瞬(笑)、タケヤスね。

ラジオネーム
Per助
日村は後輩に飯をおごるときかっこつけるため、店員を「あんちゃん!」と呼ぶ。

設 「あんちゃん! お会計」。前もなんかあったよね、やっこさんだっけ。

日　たけしさんでしょ? あんちゃん。

2016/07/22

ラジオネーム
Crazy Crazy

日村勇紀はちっちゃい虫がいっぱい飛んでいるゾーンを見つけると、口を開けながら突っ込む。

日　(笑)。ジンベエザメがプランクトン食いに行くみたいに、ガーッと口開けて(笑)。

設　食いに行くほうがね。こえーよ気持ち悪いよ。

日　こえーよ。

ラジオネーム
リトルモーツァルト

バナナマン日村勇紀は、くしゃみをした瞬間、一瞬だけちんこの皮が剥ける。

日　(笑)

設　ヘックシュンつったら、ピッつって剥けて、んでまた戻る。

日　(笑)

設　おもしろいね。あーこれいいね。

日　絵がおもしろい。

設　剥けてるかもしれないよ?

日　剥けてないよ。

設　エーックシュンったら、スンッて。

日　剥けてないよ(笑)。どうなってんだよそれ、あーおもしろいね。

ラジオネーム
顔デカアドバルーン!!

日村勇紀はひきわり納豆を噛んで、右ラリアットと言ってしまう。

日　似てんなオイ(笑)。似てんな～「右ラリアット」。「ひきわり納豆」。

設　ボキャブラだよね。

日　うまいなこれ。

2016/07/29

ラジオネーム
ジダンヘッド

作家オークラとの会話の中で、影法師というワードを使うと「誰がハゲ帽子だ」とつっこまれる。

設　会話のなかで影法師ってちょっと…。

日　なかなかね、「誰がハゲ帽子だ」って。韻踏んでんねーやっぱね。影法師、ハゲ帽子。ねえ。

設　おお。

日　韻もなんも、ハとカの差だよ。

設　あーそうだね…すごいね。偏見いきましょう。

2016/10/07

ラジオネーム
オペンペンは夢を知る

バナナマン日村勇紀は高速のETCでバーが上がるたびに、「よっしゃあラッキー」って言う。

設　毎回ギリギリの挑戦なんだろうね。なんで上がるかわかんねえんだろうね。「上がったぁ、今回上がったぁ」。

日　でもドキドキはしてるよ。俺当たったことあんだもんあれ。バァーン! つって。

設　マジで!? 俺もさ、あれ怖いんだ。

日　そ、怖いんだよ。

設　けっこうさ、タクシーの人とかでもさ、人によっては割と早めに行く人いるでしょ。

日　いる～。

設　あ、当たる! と思ったら。

日　なんでそんな飛ばすの! みたいな。

設　ね。

日　あるよね!

設　俺なんか、ほんとすごいあそこゆっくり。

日　俺もノロいわ、あそこ。

設　やって、ぶつかるかもしれないじゃん。

日　そう。

設　あれって分かれるよね、人によって。

日　俺けっこうな勢いで突っ切る人、信じらんねぇ。

設　ね。

日　あれダメだよ!

設　当たってもいいと思ってんのかなぁ。

日　いいと思ってんだろーね。

設　うーん、すごいよねぇ。

日　はぁい。

2018/05/04

ラジオネーム
しゃかりきコロンブス

バナナマン日村勇紀はハワイに行った際に、現地の人に「あなたは包茎ですか?」と英語で訊かれたものの、何を言ってるかわからなかったので、とりあえず砂浜にYESと書いた。

設　あれか。

日　俺のアイコンね。

設　例のね。

日　例のね。変えよう、もうそれ。やばいわ、もう(笑)。

ラジオネーム
トゥクトゥク

バナナマン日村勇紀は「俺たちこれからすごいことになるぜ」と言って電気を消して寝たあと、起きたらうんこを漏らしていた。

設　漏らしてたんだ(笑)。

日　漏らしてない。すごいことってそういうことかっていう(笑)。

設　(笑)

ラジオネーム
まーみんにゃん

バナナマン日村勇紀は、パンツのことをパンティーと呼ぶことで有名だが、キャミソールのことをソルソールと呼ぶことはあまり知られていない。

設　そうなんだ。日村さんはパンツ、いわゆる下着のパンツのことはパンティー。男のやつも。自分のものをパンティーって言うことがよくあるんだけど、キャミソールのことをソルソール。

日　ソルソールなんて言わない(笑)。ソルソールって(笑)。

ラジオネーム
俺煮込みハンバーグ

バナナマン日村勇紀はマヨネーズのことを、ヨネと呼ぶ。

設　マヨじゃないんだ、マヨネーズの真ん中とるんだ。

日　マヨネのヨネ(笑)。

設　うん。ちょっとヨネ取って(笑)。

日　ヨネ取って。

設　ヨネいいね。

ラジオネーム

何もできずにソバする
野呂佳代はレストランで、「ちょっと飲み物取ってくるね」と言って、ドリンクバーに向かい、帰って来ると、両手にカレーうどんを持ってる。

設 飲み物（笑）。
日 そんな野呂ちゃんはかわいいな。

ラジオネーム
プーパッポンカリー
野呂佳代は回転寿司に行くと必ず、終点の席に座り、「残り物には福がある」と言いながら、すべての皿を食べ尽くす。

日 終点とかじゃないじゃん（笑）。あれ、回ってんじゃん（笑）。
設 バックヤードに戻るギリギリんとこ（笑）。
日 あそこで全部食っちゃうの（笑）。
設 うん（笑）、残り物食うって（笑）。
日 1周で終わりなんだね、寿司は。
設 ね（笑）。

ラジオネーム
田中電柱
野呂佳代は好きな人ができると、ほっぺたに米粒をつける。

設 どういうアピール（笑）。
日 どういう合図なのよ（笑）。
設 取ってもらうのかな。
日 取ってもらうんだろうね。

ラジオネーム
何もできずにソバする
プロデューサー宮嵜は、仕事の疲れをとるために猫カフェで猫たちと遊び、「いやーフィやされるわー」と言う。

日 自分で言っちゃってるんだ。
設 うん。
日 フィやされるわー。

ラジオネーム
日村勇紀を拝め奉らないマン
プロデューサー宮嵜はホップ、ステップ、ジャンプのことを、ユウキュン、ユキュソ、ユキュソールと言う。

日 全然違うじゃん（笑）。ユウキュン、ユキュソ、ユキュソール。
設 うーん（笑）。

2018/05/04

偏見

ラジオネーム
3年目の上着
家のフローリングにベビースターラーメンが挟まってる奴は、デブ！

日 俺、挟まってるね（笑）。
設 フローリングの溝、なんつーだアレ。
日 あの溝ね、フローリングのいわゆるね（笑）。挟まってること、俺ありがちだね。
設 デブだって。
日 デブだね、そして。
設 まあ、なんかわかるね。
日 うん、わかるね。こぼすからね。

ラジオネーム
別れ際ちょっとムキになる
蛍光ペンをいっぱい持っている女は、ローターもいっぱい持っている。

日 全然偏見だよ、それ（笑）。
設 偏見だね。
日 全然意味わかんない（笑）。
設 ね（笑）。偏見ですからね。

ラジオネーム
プーパッポンカリー
じゃんけんでグーを出し続ける女は、ローターを持っている。

設 いや、偏見だね（笑）。
日 すげー偏見だよ。
設 なんでじゃんけんすんだよ、そんなときに。
日 パーとか、チョキできないんだ（笑）。

ラジオネーム
ルイ15世
世界三大珍味を世界三大チンチンって言っちゃう女は、乳首が黒トリュフ。

日 意味がわかんねーよ（笑）。
設 意味わかんない。
日 どういう状態なの。乳首が黒トリュフ。

ラジオネーム
トミーポケット
キンタマの裏に隠れて、「はい、ひょっこりはん」って顔出す女は、ヤレる！

設 つか、もうヤってるときじゃない（笑）。
日 ヤってるときだよ、それ（笑）。なんでキンタマに隠れて「ひょっこりはん」って（笑）。

2018/05/04

宣言

ラジオネーム
さらっとラムネ
俺は47都道府県でオナニーをして、日本一周を達成したら、満を辞して海外に進出したいと考えています！

設 全国制覇の後ね。
日 そうだよね。
設 日本でやり残したことはないという。
日 いいねー（笑）。
設 日村さん、ここから続けてすごいんですけど、いきます。

ラジオネーム
天草大王
みちょぱのみちょぱをみちょぱしたい！

設 なんかわかるね（笑）。
日 めちゃくちゃいいね、それ。
設 うん。

ラジオネーム
天草大王
俺がプロ野球選手になったら、飯塚悟志バージョンの『メリーアン』を登場曲として流しながら、打席に入るんだ！

日 悟志バージョンのほうね、しかも（笑）。

ラジオネーム
天草大王
友達に童貞だとバレないように作り出した架空の彼女と、この春でつきあって1年を迎えました！

設 よかったね（笑）。
日 よかったね（笑）。

2018/05/04

演出

ラジオネーム 振りすぎファンタ

えーまず日村さんは水戸黄門役、オークラさんとプロデューサー宮嵜さんは助さん角さん役をやってもらいます。えー日村さん御一行は、全国の有名温泉地に行って大浴場に入ってください。そしてオークラさんと宮嵜さんは口をそろえて、「ひかえひかえ、この方をどなたと心得る。見るのNG、イボ痔爆発、日村の肛門様であらせられるぞ」と言ってください。えー、その言葉をきっかけに日村さんは大浴場にいる人に向かって、ケツを広げ、肛門を突き出してください。すると大浴場にいる人はひれ伏すので、日村さんは肛門を見せながら、デビル笑いで笑ってください。それでは、日村のケツ黄門、よーいアクション！

日 なんなんだよ、それ（笑）。

設 なんだこれ（笑）。

日 なんだ今の、全然いやらしくねー（笑）。なんもない、俺がただ肛門広げるだけでしょ（笑）。

ラジオネーム 馬場ファイン

えー日村さんがバルシャーク号に乗りますので、宮嵜さんはヒゲシャーク号と名付けた自転車に乗って、どちらが早くTBSに着くか勝負してもらいます。途中でバルパンサー号とバルイーグル号が邪魔をしに来ますので、バルシャーク号はバルシャークのポーズ、ヒゲシャーク号はヒゲシャーク号のポーズをとると、邪魔を未然に防ぐことができますので、やってみてください。それでは、ヨーイ、ドン！

日 なんなんだ、今日の演出（笑）。

2018/05/11

ラジオネーム さらっとラムネ

バナナマン日村勇紀は先週の放送後、ゴルフ場でウェアに着替えたとき、ケツからスカイラインが出てきた。

日 ぶっ刺したまま行ってねえよ、俺（笑）。

設 もしかしたらね、1台だけじゃなかったかもしれないね。

日 持っては帰ったからね、家にね（笑）。

設 あれどうした、飾ってるの？（笑）。

日 飾ってはいないけど、俺のスペースがあるから、その奥のほうに。

設 俺のスペース（笑）。来年の5月になったらこっそり持ってきておいて（笑）。

日 （笑）

ラジオネーム じゃんけんぽん哀川翔

日村勇紀は夏服のことを、ソールビズと言う。

日 クールビズならぬ、ソールビズ（笑）。

設 おじさんだね（笑）。

ラジオネーム middle election

バナナマン日村勇紀は、ちんこの皮を剥くときに、「はい、ひょっこりはん」と言う。

日 これはね、やってる人多いと思うよ。

設 いやいや、日本中でやってる人いると思うよ。

日 これは多いよ。

設 ポコチン使ってひょっこりはんはね。

日 そう。

設 たぶん今はね、ポコチンギャグ界ナンバーワンじゃない？

日 ね。

ラジオネーム ロシアの赤いバラ

野呂佳代がバキャップをかぶっていると、スタッフさんに「その帽子はバターライスの帽子ですか」と訊かれる。

設 バナナマンのバキャップをね、日村さんがスタッフの人にね、「それ、バカリズムですか」って。

日 「あ、違います。バナナマンです」（笑）。

設 「ああ、すいません、そうですよね（笑）」っていうね。

日 なんだそれって思ったけど（笑）。

設 野呂佳代もね、バキャップ持ってるよね。

日 持ってると思う。

設 「バターライスですか」って。

日 （笑）

設 「違います。バナナマンです」「ああ、すいません」（笑）。

2018/05/11

偏見

ラジオネーム 北野がキタノ

未来に乾杯する奴は、めんどくさい！

設 まあね、いるよね（笑）。

日 未来（笑）。トレンディドラマとかってそんなの多かったよね。

ラジオネーム 北野がキタノ

一流のヤリマンは、ちょっとブス！

設 偏見だけど、なんかわかる気がする（笑）。

日 （笑）

ラジオネーム まりまり男

日村の精子はザコ！

日 おい、なんだその偏見。わかんねーだろ、そんなの（笑）。

設 ザコばっかだなって（笑）。

日 なんだと、ザコって（笑）。

設 ひどいよね（笑）。

日 ひどいよ（笑）。

ラジオネーム のすけのすけ

カレーを食べて汗びしょびしょの奴は、デブ！

日 まあ、そりゃそうかもね。

設 なんか、一緒に飯食っててもさ、すっげえ汗かく人いるもんね。

日 いやー俺とかそうだし。

設 小山とかもそうだし。

日 うん。

設 デブなのかなー。

日 やっぱデブだもんね、ふたりとも。

設 どうなのかね。

ラジオネーム 天草大王

電動髭剃りで髭を剃ってると「びっくりしたー。音だけ聞いてたら電マをあごに当ててるのかと思ったよー」と言ってくる女は、ヤレる！

日　ヤレるな！（笑）。

設　だって一緒にいるじゃんこれ（笑）。ヤレるよ。

ラジオネーム
アマチュアパート

『テラスハウス』を観ながら、「どこでオナニーしてんだろ」って言う奴は、童貞！

日　観るな、そんな奴は。『テラスハウス』を。

設　共同生活だもんなーってことなんでしょうね。

2018/05/11

宣言

ラジオネーム
設楽さんに憧れて

俺も鈴木タケヤスとゴルフに行きたい！

設　いやいや（笑）。

日　なんでだよ（笑）。

設　日村さんの一団と行きたいのわかるけど、鈴木タケヤス君と行ったら気まずいよね。

日　なんでタケヤスと行きたいんだよ。

設　おもしろいね。

ラジオネーム
のすけのすけ

もし俺がプロ野球選手になったら、登場曲を野球拳の歌にするんだ！

日　ダダダラーダー　ズンデ　ラララララ♪

設　清宮君が『スター・ウォーズ』のでね、出てくるみたいに。

日　かっこいいね。

設　でもそれですっげえ成績がよかったらかっこいいね。

日　かっこいいよ。

設　バッターボックス入ってから、「テレレレレーレレ　レレレレレデーデゲ　デゲデゲ　デデデデデ、かっとばせー♪」

日　いいねーこれいいねー。これ誰かやってほしいな。

設　あるんじゃない応援曲？　応援ソングで。

日　あるかもね。

設　使ってる人いないだろうけどね。

日　登場曲として使ってる人はいないね。応援歌はもしかしたらあるかもしれないけど。

設　出てきて準備して、土とかならしているときに「アウト、セーフよよいのよい！」で服脱ぎだしたらおもしろいね。

日　（笑）

設　ユニフォームちょっと脱いだりして。手袋脱いではめたり（笑）。

日　なるほどね。おもしろいよね。

設　あーいいかもしんない。

日　いいねー。

設　そういう人、いたらいいのにね。秋山さんとかやってくれんのかね、西武の。

日　あー、あの人おもしろいんだよね。秋山さんってすげー打つけど。

設　ラジオ聴いてくれてるって。

ラジオネーム
くろろ17

バナナマンのファンになって、源くんのファンになって、直太朗くんのファンになって、乃木坂ちゃんのファンになりましたが、野呂佳代のファンにはなりませんでした！

設　いや、これからよ、これからでしょ。

日　（笑）

設　これからだよね。

日　落ち込むぞ、こんなの聴いてたら、野呂ちゃん。

ラジオネーム
化け猫のナルセ

僕も名字が成瀬なので、学校でナルと呼ばれています！

設　うちのね、番組にもね、ナルっている。

日　ナル。

設　言いたかったんだろうね。

日　ナル（笑）。

2018/05/11

演出

ラジオネーム
馬場ファイン

えーまず野呂佳代さんは、バーで「いつもの」と注文します。えーそしたらチャーハンと、ラーメンと、餃子が出てきますので、野呂さんは「いただきまーす」と言って完食してください。そして、その後に「って違うわ」ってノリツッコミをしてください。

日　ノリが長いね。全部食うんだ。

設　バーでね（笑）。

日　「違うわ」って言ったときには全部食ってる（笑）。

設　「違うわー」つって、ゲップすんだね。「あーっ」つって（笑）。

日　（笑）

ラジオネーム
まるたーる

えーまずオークラさんは、VRを装着し、全裸でAVを観てオナニーをしてもらいます。えー奥さんが帰ってくる前に見事射精することができれば、オークラさんの勝ちとなります。しかし、奥さんのほうが先に帰ってきてオークラさんの肩をトントンしたら、隣に全裸で待機していた日村さんは「なーにー、やっちまったな」と言って、持っている杵でオークラさんの頭をぶっ叩いてください。それでは、『オークラさんが射精した』、スタートです！

日　ドッキドキのオナニーだね（笑）。

オ　はい（笑）。

日　怖いねー。

設　でも横にこう、片膝で日村さんがいなきゃいけない（笑）。

日　俺、待ってるんでしょ。どんな状態（笑）。

設　〝グールポコ。〟状態（笑）。

日　そっかそっか（笑）。

2018/06/08

ラジオネーム
ロシアの赤いバラ

バナナマン日村勇紀はうんこを出す音とさくらんぼの種を出す音が一緒。

日　先週ね（笑）。

設　全然うまく出せなかったね。

日　全然ダメだった。

ラジオネーム
オニミヤ

バナナマン日村勇紀はオイル

マッサージに行き、紙オムツを支給されると「俺オムツ穿かないよ」と言う。

日 そのときだけ、かっこつけるんだね、俺（笑）。

設 マッサージのところに行って、紙オムツは出されないからね（笑）。

日 出されないからね。紙パンツだから、あれは（笑）。

設（笑）

日 なんで紙オムツなのよって言うよ（笑）。

設（笑）

ラジオネーム **清宮の友達**

バナナマン日村勇紀は歯をセラミックに替えたとき、柏餅の葉っぱを食べるようになった。

設 これ、でも、マジでそうじゃない？

日「噛める噛める」つって？

設 うん。

日 子供の頃食べてたんだよな、葉っぱ。

設 子供のとき食べてた記憶があるんだ。

日 あるんだよなー。

設 でもしばらくして歯が取れちゃうから、ああいう系は一切食ってないでしょ、餅とか。

日 あー。

設 危ないから。

日 危ないからね。

設 そんでパキンって入ってから、パクッて全部食っちゃうようになったんじゃないかな。

日 あー。

設 て思ったけど、子供のときから食ってるんだよね。

日 うーん。

設 歯はセラミックなの？

日 これなんだろ、セラミック？

設 中はチタン？

日 中はチタン。

設 外はセラミックなの？（笑）。

日 セラミックって何？ いいの？

設 セラミックってたぶん、すごい、いい…。

日 いちばんいい歯って言われるからね。

設 セラミック？

オ セラミックです。たぶんそうですね。

日 じゃあセラミックだね。

設 じゃあセラミックスだね、ふたりは。

日 そう。

設 かっこいいね。

オ まだセラミックスじゃないですけど、これからセラミックスになります。

設 ふたりのユニット名、セラミックス。

日 セラミックス。

設 いいね。

ラジオネーム **自称英検4級**

バナナマン日村は食べられるものかどうか判断するときは、必ず母親に連絡する。

設「これーちょっとさー食べれるかな？」「食べれないよ！」。

日 あの言い方（笑）。

設「食べられるかもしれないけど、美味しくないよ！」。

日（笑）

ラジオネーム **ここはお前の世界じゃないんだよ**

野呂佳代はドラマで刑事の役をやると、取り調べ中に頼んだカツ丼を、自分で食べちゃって何度も撮り直しになる。

設 演技なのに食べちゃう。「あーまた食べちゃった！ ダメダメ、もう1回。はいカット。ダメですよ、野呂さん、これ犯人のですから」「すいません」。

日（笑）

設「はい、よーいスタート。あーまた食べちゃう。なんで食べちゃうの。はいカット。すいません野呂さん、食べちゃダメ」。

日『ゴッドタン』の打ち上げでさ、アリーナの打ち上げのときにさ、野呂ちゃんと設楽さんとか何人かで写真を撮ったのが、ネットニュースかなんかで上がってたけどさ。

設 ネットニュースに上がってたの？

日 上がってたの。

設 写真は撮った。

日 撮ったでしょ。

設 野呂が、くれたくれた。

日 あの野呂ちゃん、すっげえデブなんだよね（笑）。その写真の野呂ちゃん（笑）。「あれ？ でけえ」と思って。

設 あのとき、なんかダルダルの着てたからでしょ。

日 ダルダルの着てるのよ、なんか。それもあると思う。

設 あのさ、野呂とさ、朝日…。

日 朝日奈央ちゃん。

設 朝日…あのふたりってさ、私服がなんかダサくない？（笑）。

日（笑）

設 ステージのとき、すごい綺麗な格好しててさ、打ち上げのときに、なんかあれ、ダサくない？ と思っちゃった（笑）。

日 おもしろいね。1回、あかつみたいな格好になって、最後ダサい格好になっちゃう（笑）。

設 なんか変な格好するんだよ。なんでだろうね。

日 おもしろいね。野呂ちゃんやっぱ。

ラジオネーム **北陸の種馬**

野呂佳代はコンビニの肉まんを食べるとき下に付いている薄い皮ごと食べる。否定されると「いや、食べるっしょ」と怒る。

日 なんだよ、その言い方（笑）。「いや、食べるっしょ。食べるっしょ」（笑）。

設 いや、食わねーよ。

ラジオネーム **スプリングマン**

野呂佳代はグルメ番組に出たとき、カツ丼やカレーのVTRを見ていると「ああ、ご飯になってかけられたい」とワイプでリアクションする。

設「かけられてぇー」みたいな（笑）。

日（笑）

2018/06/08

偏見

ラジオネーム **きりんぱん**

ギネス記録を引っさげてテレビに出てくる人は、話がつまらない。

日 そんなことはない（笑）。

設 これはわかんないよ（笑）。わかんないけど…まぁなんかわかっちゃう。

ラジオネーム **天草大王**

かわいい女の子が言う「好きなタイプはおもしろい人」のおも

しろいは、深夜ラジオでメールを読まれる類のおもしろさではない。

日 それはそう思う、俺も。

設 （笑）

日 「そこじゃないんだよ、でも」っていう（笑）。

設 でも本当におもしろい人って、そういう人だよね。

日 ね。

設 こういうネタがおもしろい人だけどね。

日 そう（笑）。

設 でもそういうことじゃないんだよね。かわいい人が言う「おもしろい人」っていうのは。

日 言われたねー。言われちゃったねー。

設 うーん。

日 厳しいねー。

設 本当におもしろい人は嫌われるんだよね。

日 そうなのよ。

設 あーそうかなー…。でも本当にいい女はそこのおもしろさもわかる女だね。

日 だろうね。

設 これが基準になるね、じゃあ。

日 うん。

2018/06/08

宣言

ラジオネーム
ビタミンV

歌詞に「君が世界中の敵になっても僕が守る」と入っている歌があるが、その彼女は一体何をしたんだ！

設 よくあるよね。

日 あるね。

設 世界中を敵に回しても、僕だけは君の味方みたいな。

日 よくある。

設 そんな状況に、もし本当になったら、彼女は守りきれないよね。

日 守りきれない。世界中が敵なんだから。

設 世界中が敵って、どんなことをしたらなるんだろうね。

日 なんだろうね。

設 人類の半分以上を殺した、とかね。

日 うん。

設 そんなような人じゃない限り、世界中が敵って本当すごいよね。

ラジオネーム
天草大王

ゴジラが火を噴く直前に背びれが青白く光るように、僕も射精する直前にキンタマが青白く光ってほしい！

設 恐ろしいよね。

日 無理だよ。

設 すげーのが出そうじゃん。

日 そう。

設 ピューヤーン、プシューーンつって。

日 しかも目つぶってない？ 射精する瞬間てさ。

設 いや、そう？（笑）。そんなことないでしょ（笑）。

日 見れるかな、キンタマが青くなってるとこなんて。

設 射精するとき。

日 目開けててもいいけど、覗き込むってことでしょ。

設 射精するときに目つぶってるっつうのが、おもしろすぎるよ（笑）。

日 （笑）

設 なんでそんなウオイヤーってやんの？

日 そっちのほうが気持ちよくない？

設 目つぶんないでしょ？

オ いや、俺つぶりますね。

設 えーーー！

日 美味しいもの食べるとき、目つぶっちゃうじゃん。

設 あー。

日 雑念を入れたくないから。

設 美味しいのと、同じくらいに、こう、意識をってこと？

日 意識をグーッて、「出す出す出す」ってとこにいったときに目をつぶるから、キンタマが青く光ってるかは確認はできない。

設 （笑）

日 （笑）

設 その発想がすごいね、おもしろいね（笑）。またもや（笑）。

日 いやいや（笑）。

ラジオネーム
ぺちゃうさ。

もう今月はちんちん触らない！！！！！！

設 いや無理だろ。まだ半分ぐらいあんのに。無理だよね。

日 触らないで生きてける？ 今月（笑）。

設 おしっこできないじゃん。

日 ノーハンドでやるのかな。

設 んー洗わないってこと？

日 洗わないってことだね。

設 くっさくなるだろうな。

日 それは大変だねー。

設 まあ、オナニーしないってことなんだろうけど。

日 そこだけだね。だからおしっことかでは触っていいけど。

設 それはアリってこと？

日 それはアリ。

設 それアリにしちゃうとね。

日 ね。

設 宣言になんないからね。

日 そうだね。

設 触らないってことじゃない？だってこれビックリマークが、1、2、3、4、5、6個ついてるからね（笑）。触らない！！！！！！

日 じゃあ触ったらダメだ。触ったら負け。

設 ね（笑）。

2018/06/08

演出

ラジオネーム
つば五郎

えー、まずバナナマンの日村さんはＡＤのドロボーさんに「ちょっと水下痢が酷いからオムツ買ってきて」と言ってください。そしたらＡＤドロボーさんはオムツとドンタコスを買ってきてください。そして日村さんは最後に決めのひと言「俺やっぱオムツいらねえ」でお願いします。それではよーい、アクション！

設 なんで、頼んでねーのにドンタコスを買ってくるんだよ（笑）。オムツとドンタコスっておもしろいね。

日 「あとドンタコスもあります」。

設 （笑）

日 （笑）

日 って言われて（笑）。なんでだよ（笑）。

設 （笑）

日 「ドンタコスもあります」。

設 なんで自分で頼んで買ってきてもらってるのに、「俺やっぱオムツいらねえ」って（笑）。

日 いらねえって（笑）。わけわかんない。

設 わけわかんない。

日 あーおもしろい。

ラジオネーム
馬場ファイン

えー、野呂佳代さんはまず『かおたん』に行きます。注文する際に「たくさん食べちゃうと太っちゃうから控えないと」と思って半チャーハンを6つ食べます。そしたらそこに設楽さんが現れて「野呂、何食べてんの?」と訊きますので、野呂さんは「半チャーハンです。友達5人帰っちゃって」と、あたかも自分は半チャーハン6つ食べてないように振る舞います。そしたら周りにいるバナナムーンリスナーさんは「野呂佳代は今フィアーザしています」と告げ口をしてください。

日　中華屋さんで5人帰っちゃって、ひとりだけ半チャーハン食ってるって。
設　おかしな話だよね。
日　おかしいだろ、そんな。
設　半チャーハンを6個食べるって異常事態だよね。
日　異常事態だよ。
設　まあでも、半チャーハンでいっかつってね。
日　あーおもしれ。
設　しかもバナナムーンリスナーがいるんだね。
日　あー。
設　でも俺が『かおたん』に行ったとき、リスナーっぽいみんなはさ、食ってるときはちゃんと話しかけてこないんだよね。オークラもあるよね。
オ　あります、はい。
設　で、外で待ってて、「ラジオ聴いてます」とかって。
日　あー素晴らしいね、本当に。
設　そうなの。でもなんとなくリスナーかわかるんだ。やっぱさ、格好とかも違うんだよね。『かおたん』にいるほかの人と。なんとなくわかるの、私服でも。
日　わかる。なんかちょっと違うんだね。
設　そう。ほいで、大体、肉野菜炒め食ってたりするから。肉野菜炒めも俺好きだし、すげー食うけど、それ以外もうまいから、マジで食ってほしいっていつも思うんだけど。まあ肉野菜もうまいからね。食べてもらいたい。
日　（笑）
設　でも本当にこの状況がもし起きたら、「あ、お前、そうなんだ。お前が食ったわけじゃないんだね」って言ったら、ババッて2、3人立ち上がって言うって状況が、なんか、本当にありそうな気がする。
日　聖地になってるからね。

2018/07/27
（ゲスト：大島麻衣）※以下「大」

ラジオネーム
3日天下

バナナマン日村勇紀は君香に、「俺が生まれたとき、ちんこの皮剥いてくれたっけ?」と訊くと、「剥いてないよ、それどころじゃなかったし」と言われる。

日　訊かねーよ（笑）。
設　ちょっと前にオークラに子供生まれてさ。
大　あーおめでとうございます。
設　うん。で、今って、男の子が生まれると、ちっちゃいうちに剥いちゃうんだって。
大　へー。
設　昔はやんなかったのが、今は3歳ぐらいで。
日　うん。なんだってね。
設　で、日村さんはさっきも言ってたけど、柏餅をね、葉っぱごと食ってたわけ。
大　うんうん、葉っぱごと?
日　葉っぱごとね。
設　食わないじゃん。葉っぱ。
大　食べない。取る取る。
日　ね（笑）。
設　この前のこどもの日のときに、みんなで食ってたら、日村さんだけバリバリ葉っぱごと食ったの（笑）。
日　葉っぱごと食ったの（笑）。
設　おかしいじゃん（笑）。
大　ワイルドすぎる（笑）。
設　ね。「あれ、何この人」っていうのがあって。
大　はい。
設　でも、日村さんは「このほうが大人っぽいからいいのかな」って。「え、そんなの昔から食ってたの?」って言ったら。
大　うん。
日　「食べてたのかな」って。
設　じゃあ電話してみようって、お母さんの君香に電話して、「俺ってさ、柏餅の葉っぱごと食ってたっけ?」って訊いたの。
大　はい。
設　そしたら「食べてないよ！ 食べてない、食べてない！」つってね。
日　そう。
設　「美味しくないよ！」って。
大　うん。
日　そう。
設　「食べられるけど」つって。
日　うん。
設　それからだよね。
大　あーなるほどね。うんうん（笑）。

ラジオネーム
豆腐小僧

バナナマン日村は力仕事をするときに、腕まくりをして、手のひらとちんこに唾をかける。

日　ブッブッブッーって、3発目なんなんだよ（笑）。
設　なんだよ（笑）。
日　3発目なんなんだよ（笑）。
設　ちんこ何に使うんだよ（笑）。
大　気合い（笑）。
日　なんで出してんだよ（笑）。
設　なんだよ、オナニーする前にやんのかよ（笑）。
日　（笑）
大　やるぞーって（笑）。
日　ヌメリがね、出るからね（笑）。
大　ヌメリが（笑）。
設　なんだよ、のってくんじゃないよ。のってくんじゃないつってんの（笑）。
大　滑りがよくなって（笑）。
設　「ヌメリがね」じゃないよ。

ラジオネーム
金曜の夜に鳴くニワトリ

野呂佳代は足の小指を思いっ切りぶつけたとき、痛みをこらえるためにカツ丼を食う。

日　うまさで忘れちゃうみたいな（笑）。
設　時間かかるよ、いてっ、てなってから、まずカツ丼を作って。
日　作んなきゃいけないからね。
大　あ、そうか。ないのか、目の前に（笑）。
設　いてっ、てなってから食うまでに（笑）。

ラジオネーム
金曜の夜に鳴くニワトリ

野呂佳代は、反抗期、お父さんとは別々に鍋を食べていた。

日　すげーな、鍋なんだ（笑）。
設　かわいい。
大　かわいい（笑）。

設　洗濯もん別々とかあるもんね。
大　うんうん。やってそうだけど。
日　やってそうだけどね。

ラジオネーム　さらっとラムネ
大島麻衣は、野呂佳代のことをなんとも思ってない。

大　どうゆうこと（笑）。
設　いちばん冷たいぞ。
大　本当ですよね。好きですよ。
日　「なんとも思ってない」（笑）。
設　仲良いよね？
大　仲良いです。好きですよ。
設　ね。
大　はい。
日　本当？
大　バナナさんのライブも一緒に行くんですから。
設　ね。
日　そうそう、そうなんだよね。
大　はい。仲良いですよ、ちゃんと。
設　野呂佳代と鍋やったりしているときに。
大　うん。
設　金曜日だったから部屋の隅で、野呂佳代はこのラジオ聴いてたんだよね。
大　そう（笑）。「ちょっと今から大事なのがあるから」とか言って、急に部屋の端っこ行ったなーと思ったら。
日　（笑）
大　イヤホンして、バナナマンさんのラジオ聴いてて。
日　（笑）
大　「なんで？　みんなでいるから、どうした？」って。
設　それもそれでおかしいよね。みんなで鍋パーティをやってるところでさ、ラジオ聴いちゃうってね。
大　そうそう（笑）。
日　好きなんだよ、このラジオが。
設　でもうれしいけどね。
大　大好きなんですよ、本当におもしろかった。
日　おもしろいねー。

ラジオネーム　北野がキタノ
大島麻衣は、若い社長と連絡をとるためだけの携帯を2台持っている。

日　1台が埋まったんだ！
大　2台も。
日　2台なの。
大　あーでもね、若手だけじゃなくてね、いけますから。
日　（笑）
大　幅広く（笑）。
設　あ、若手社長用と、もう本当のベテラン社長用。
日　ベテラン社長と。
設　でも大島、大島は本当にねわけわかんないんだよね。
日　マジですごいよ。
設　ずっとレギュラー番組一緒にやってたからね。
大　うん。
設　例えばたこ焼き屋さんでロケとかあるじゃん。
日　うん。
大　うんうん。
設　したら、なんか知んないけど、「今日、大島さんが来るってことなんで」つって。
大　うん。
設　店員さんが「オーナーから出せって言われたんで」とかで、大量のたこ焼きとか出てくる。
大　（笑）
日　すごいっしょ。
設　そういうのがたまにあるのよ。
オ　へー。
設　謎の。その日初めて知ったような店とかなんだよ。
大　うんうん。
設　なんか、オーナーと知り合いとかな。
大　ありましたね、はい。新宿の歌舞伎町で。
日　そう（笑）。
大　ロケしたときも、黒服の方がスッと来て、「○○さんから伺っております」って（笑）。
日　もうドンだよ（笑）。
設　おかしいんだよ（笑）。
大　そしたらね、オーナーから連絡が来て、「使ってくれてありがとねー」みたいなメッセージもらったりとかね。
設　おかしいんだよ。
日　（笑）。やっぱちゃんと、その辺やってんだよね。
設　飲んだりしているところで友達がいっぱいいるんだろうね。
大　友達、何している人かわかんないんです。でもそういうところで会って、「あ、ここでやってたんですねー」みたいなことはあります。
日　そういうことでしょ。
大　うん。
設　これ、ない話じゃないよ。
日　これ本当にそのままだと思うよ。
大　そのままではない（笑）。でも近いですね。
設　近くない（笑）。
大　（笑）
設　否定！　否定をしろっつーんだよ（笑）。

ラジオネーム　謙虚なビッグマウス
放送作家オークラは、息子を帽子に入れて抱っこしている。

設　オークラと言えば、帽子だから。
大　はい（笑）。雑（笑）。
設　生まれたから。帽子がいちばん大事だから。
大　息子より。
設　そうそう。
大　（笑）
設　あ、それと同じぐらいだから入れたのかな。
大　あ、一緒に。
オ　はい（笑）。
日　なるほどね。
大　なるほどねー。

2018/07/27
偏見

ラジオネーム　北野がキタノ
ビルとかにあるオシャレな便器は、隣の人からちんちんが見えちゃう。

設　これ、大島はわかんないでしょ。
大　まあ男性のね。
設　オシャレなのがあんの。ちっちゃいやつとか。
日　あれダメだよね。
大　あ、見えるんだ。
日　そんな見た目なんかどうだっていいんだから、見せたくないんだから。
設　しゃれた居酒屋とかね、ご飯屋さんとか行くと、しゃれた便器があって。
大　はい。
設　ちんこ見えちゃう。
日　そう。
大　へー。
設　日村さんとかね、がっつりくっつけるタイプだから。
日　がっつりくっつける。で、もはやさ、便器もなくてさ、なんかさ、ガラスだけでさ、滝があるとか。
設　あーあるある。
大　へー。
設　そこに打つみたいな、ね。

日 そこに全員打ってみたいなさ。やめてくんないかなって思うの。

大 へーすごい。

設 あるね。

大 パッて見たら、見放題ですか?

設 ん?

大 パッて見たら、ちんちん見放題ですか?

日 見放題だよ。

設 ちんちんつったな、ついに(笑)。

大 (笑)

日 でも見放題だよ。

設 見放題(笑)。でも日村さんとかとね、便所並ぶとさ。

大 はい。

設 ペコって。

日 わかるかな。

設 小便器がこうあって、ペコってつけてね。

大 はい。

日 中にはめるわけ。

設 俺はちょっと離れてするんだけど。はねちゃ嫌じゃん。

大 うん。

設 で、日村さんはペコってつけて、こうやって、こう、ちんこ見ながらね、うんこしてるみたいにヴー、ヴーつっておしっこすんの。

大 へーそんな大変なんですか。

日 いや、恥ずかしいじゃん、まず。ちんこ見られるのが恥ずかしいから、まずくっつけて。

大 はい。

日 ちっちゃく屈んでるから首締まって。

大 (笑)

日 ヴーヴーって。横にいる設楽さんから「うんこしてんの? それ今」って。

設 おしっこってそんな声出さないもん。

大 力まないですよね(笑)。

設 力まないんだよ(笑)。

日 (笑)

設 なんでそんなに力むの? って話。

大 (笑)

ラジオネーム
ペチャうさ。
でーんでん、むしむし、カタツムリ、お前の頭はどこにある、ここだ!ってちんこ掴んでくる女はヤレるけど、バカ!

日 まあまあまあ、バカかもしんないけど、まあヤレるな。

大 うんうん、狙ってますからね。女は。

日 そういうことだよね。

大 うん。

ラジオネーム
豆腐小僧
うどん屋で、天かすをかけまくる女は、簡単にヤレる!

日 なんだよ(笑)。

大 なんで(笑)。

設 偏見だから。

大 あーそっかそっか。

日 でもなんなんだろ、これなんなんだろ。

設 でもなんかわかる。

日 本当?

設 いっぱいかけちゃうの。なんかそのーそういうのをさ、無料のもんとかをいっぱいバッてやるっていうのは、なんかちょっとゆるい気がする。

日 ゆるい感じってことか。

大 あーなるほど。

ラジオネーム
まりまり男
大島麻衣は、催眠術さえかければ、ヤレる!

設 ヤレると思う。

大 そうそう(笑)。

日 そういうものに使っちゃダメなんだよね。

大 そう、催眠術はね、本当はね。

日 催眠術は。ヤレちゃうよ、これは大島に限らず。

大 確かに。

設 ヤレちゃうよね。

日 うん。

大 催眠術からのラブレッチはヤレる。

設 ヤレる(笑)。

日 ヤレる。そういうことだよね(笑)。ヤレちゃうよ。

大 ヤレちゃう。

日 だからダメなんだよ。

大 うん、合ってる合ってる。

設 「合ってる」じゃないんだよ(笑)。

大 (笑)

日 でもやっぱりヤレないっていうよね。大島の場合はわかんないけどさ。

設 あ、言ってたね。

日 ヤレないっていうよね。

設 催眠術中でも、自分が嫌だってことはわかるから。

大 うんうんうん。

日 わかるからね。

設 言ってたよね。

大 解けちゃうんですよね。

日 解けちゃうんだよね。

設 だから嫌いな人が催眠術でしようとしたら、「いやいやそれは」ってなる。

日 「それは」ってなるからね。

大 うん。

日 だから実際はヤレないんだよね。

設 ヤリたいって気持ちがその人にないと、ヤラないんだよね。

大 うんうん。

日 そう、そういうことなの。

設 幻斎先生が言ってた。

日 言ってましたね。

2018/07/27

宣言

ラジオネーム
ペチャうさ。
右手でおっぱいを揉みながら、左手で大トロを頬張りたい。

日 いいですねー(笑)。

大 あ、そっかそっか。男性の感じか。

設 夢だよね。

日 いやーこれは最高だね。

ラジオネーム
足は短し身体は太め
ロングブレスを一時期やっていましたが、勢い余ってうんこを漏らしたことがあります。

日 ブーって(笑)。

大 あーまあね。力が入るからね(笑)。

設 ブーブーつってね、出ちゃった(笑)。

大 うんうん。出ちゃったねって、うん。

ラジオネーム
デタラメ人事
私は元々デブだから、デブドリンクを飲んだら、もう終わりなんだ!

日 「終わりなんだ」って(笑)。

大 デブドリンク(笑)。

設 オークラのデブドリンクってのがあって。

大 はい。

設 中学のときにね、バスケ部だったんだけど、補欠だったからベンチでスポーツドリンクとか飲むじゃん。そのとき独自に開発した飲みもんがあって。

大 へー。
日 すごいよ、これ。これすごいから。
設 何入れるんだっけ。
オ まず、牛乳。
大 はいはい、牛乳。
オ それにレディーボーデン。アイスクリームのレディーボーデンっていうのがあるんですけど。
大 はい。
オ そのアイスクリームを、まあ適量ですね、大体ふたつか3つくらい。
大 はい。
オ 大きなスプーンで。あとバナナ。
大 うん。
日 うん。
オ バナナを2本くらい砕いて、ぐちゃぐちゃにしながら混ぜます。
大 うん。
オ あと、ミロ。
大 甘っ甘っ。
オ ミロをこう入れて。
大 ミロは美味しいけど。
オ 自分の好みの色まで足して、で、凍らせて。
日 うん。
オ で、溶けたぐらいが飲み頃。
大 (笑)
日 これ部活中だよ(笑)。
設 それを部活の練習試合中に、自分出れないから、補欠だからつって。
日 最低(笑)。
設 みんな仲間が試合してるときに、チューチュー飲んで(笑)。
大 超ご褒美飲んでるじゃないですか(笑)。
日 最低だ(笑)。
大 ねー。
設 そのときめちゃめちゃデブだったの(笑)。
大 甘いもん、アイス入ってんだもん(笑)。
日 ひとりもいねーよそんな奴。
大 あーやだ。

ラジオネーム
Mr.いい人止まり
毎日TENGAを使えるくらい、お金持ちになりたい!

日 なんか違うじゃんか(笑)。
設 違うステージに行けって話だよね(笑)。
日 なぜTENGAなんだよ、そこは。
設 毎日TENGA。
日 毎日TENGA。まあ別もんだけどね、TENGAはね。

ラジオネーム
Mr.いい人止まり
僕は絶対好きなアイドルで、抜かない!

大 おー!
日 おーなるほどね。
大 すごい!
設 すごいじゃないよ(笑)。
大 抜いてほしいのにね、こっちは。
日 (笑)
設 そんなわけない(笑)。
大 のほうがありがたいじゃないですか(笑)。
設 まあまあ、そっか。
日 「抜いてほしい」じゃないんだよ(笑)。
設 でもなんかそういう精神なんじゃない。
日 なるほど。
大 すごい! 素敵!
設 汚さない。
日 そうそうそう、アイドルっていうものをね。

ラジオネーム
天草大王
かわいいヤンキー女から、ちん毛にガムをつけられたい。

設 どうゆう…(笑)。
大 なかなか取れないんだから、ガムは、本当に(笑)。
日 意味がわかんない(笑)。
設 「つけられたい」だよ(笑)。ちょっとやめてくださいよーつって。
日 (笑)
設 でもかわいいヤンキーの子が噛んだガムだから(笑)。
大 あーそうか、変態か(笑)。

2018/07/27

演出

ラジオネーム
馬場ファイン
えー野呂佳代さんは、まず主演映画の役作りのために体重を30キロ増やします。増やし終わった次に髪の毛をおかっぱにして、ガムテープパンツを穿きます。そして、歯をインプラントにし終わったら、野呂佳代さんは、「ってこれって日村勇紀じゃねーか」と言ったところから、日村勇紀さんの半生を描いた、野呂佳代さん主演映画を撮っていただきたいと思います!

日 そっからの半生なんだ、俺の(笑)。
設 そっからの半生。
大 観たい気もする。
日 だいぶ最近だけど(笑)。
設 なんか、ちょっと不思議な感じで始まるんじゃないかな。
大 あー。
日 あーなるほどね。
設 そっから日村さんの半生。
日 なるほどね。
設 うん。ね、野呂佳代ね。
大 うん。
日 野呂佳代出てくるな、今日。
大 (笑)
設 そうだね。
大 うん。

ラジオネーム
私の傘だけありません
えーオークラさんが退院して、出産後初の帰宅をします。ふたりがリビングに入ってきたら、電気をつけて、設楽さんの「おめでとう!」の合図で、スタッフは拍手で出迎えます。奥さんが驚いて、「え、何、何?」とパニックになるのですかさず、全裸の日村さんは、自分の口に、巨大クラッカーをぶっ放してください。そしたらアナルに入れておいたミニカーを産み落とします。そのミニカーをお子さんにプレゼントしてください。最後にオークラさんは奥さんに花束を渡して、「おかえりなさい」と言った後、ポロリと入れ歯を口から出してもらいます。まもなく、オークラさんの奥さんとお子さん、帰ってきまーす。

日 なるほどー。
大 すごい大掛かり。
日 すごいねー、すごい世界だね。
大 うん。

ラジオネーム
叩いてかぶってプーパッポン
えー今回、日村ケンコバ軍団のみなさまには、プーケットに旅行に行ってもらいます。しかし、日村さんは体調が悪くなってしまうので、ケンコバさんは「日村さん、晩御飯のプーパッポンカリーどうします?」と訊いてください。そしたら日村

さんは「僕は、シーザーレタスカレー!」と答えてください。それでは本番、お願いしまーす!

日　そりゃそうだ。

設　（笑）

大　（笑）

日　そりゃそうだよ、何がプーパッポンカリーだよ。「僕はシーザーレタスカレー!」どこが体調悪いんだよ（笑）。

大　カレー、結局（笑）。

2018/08/10

ラジオネーム
まーみんにゃん

バナナマン日村勇紀は、最近の猛暑について「昔ってこんなに暑かったっけ?」と母親に訊くと、「暑くないよ、暑いときもあったけどね。別に訊かなくてもわかるでしょ」と言われる。

日　やめてくれって、このパターンのネタ（笑）。

設　柏餅パターン?

日　柏餅電話パターン、やめてもう（笑）。なんで全部訊くんだ、俺、お母さんに（笑）。

設　KMTパターンだね。

ラジオネーム
ディラン山口

バナナマン日村勇紀は、腕に蚊が止まると顔を近づけてじっくり見た後、食べる。

日　カエルじゃねえか。

設　（笑）

日　食べちゃうって（笑）。

ラジオネーム
ゲンカツ山のたぬき

野呂佳代は収録中でも、いきなりスタジオの端っこに行って、バナナムーンを聴く。

日　呼ばれねーよ、仕事に。そんなことやってたら。

設　つか、この時間になんの収録してんの。

日　なんの仕事してんの。

ラジオネーム
まーみんにゃん

ADドロボーは、日村とオークラの小競り合いのことを「ドンタコスの背比べもあります」と言う。

日　「もあります」はいらないだろ（笑）。

設　もう意味がわかんない（笑）。

日　「もあります」までいくんだ（笑）。

設　わけわかんない（笑）。

日　「ドンタコスの背比べもあります」（笑）。

設　意味がわかんない、ドロボー。

日　意味がわかんないよ。

ラジオネーム
ジャップマン

オークラは、奥さんが紙で手を切ったときも、ずっと背中をさすってあげる。

設　いや指、指。指切ったんだよ。

ラジオネーム
マッハみこすり半

プロデューサー宮嵜は、作家オークラの出産祝いに女の子用の服をプレゼントした。

設　フィアーザしちゃってんだね、男の子だっつってんのに。

日　（笑）

設　でも割とこれ、起こり得るミスだよね。

日　うんうん。

2018/08/10

偏見

ラジオネーム
イケメン兄貴

好きになった人がタイプとか言う奴は、話がつまらない!

日　ちょっとわかるねー、なんか。

設　「タイプ教えてよー」「んー好きになった人がタイプかなー」。

日　「あーなるほど」。

設　つまんねーなコイツ。

日　つまんねーねコイツ。ってなるね。

設　うん。

ラジオネーム
やっとこさムニエル

なんでもかんでも、「かわいい、かわいい」って言う女子は、カバンの中がクソ汚い!

設　わかる気がする（笑）。

日　これなんでわかるんだろうね（笑）。

設　わかる気がする（笑）。

日　なんだろうね。

設　ちゃんとそういうのしてないみたいな感じなのかな。

日　だからもう雑なのかな。

設　ね。

日　ね。

設　そういうことなのかな。

日　うん。

ラジオネーム
オクラんぼ

部屋のカーテンの丈の長さが全然合っていない女は、ヤレる!

ラジオネーム
一昨日拾ったカリーパン

ノコギリで木を切るときにギコギコと言いながら切る女は、ヤレる!

日　ギコギコ、ギコギコ。

設　なんでだろ、バカっぽいからかな。

日　バカっぽいんだよね。

設　ギコギコつって。

日　ギコギコ（笑）。

ラジオネーム
天草大王

セックスのことを仲良しごっこと呼んでるカップルは、3か月で別れる!

設　「仲良しごっこ」って言ってるカップルって気持ちわりーよ（笑）。

日　まあでも。

設　なるほどねー（笑）。

日　わかるねー。

設　うん、わかる。なんかわかる。

2018/08/10

宣言

ラジオネーム
オクラんぼ

バナナマンライブグッズのバTシャツは今年で、バ、ナナ、マ、ンがすべてそろったので、来年からドTシャツを作り、ド、ン、タ、コ、スをそろえてほしい!

設　いやいや、なんで俺らドンタコスグッズを作んなきゃいけないの。

日　（笑）

設　おかしいだろ（笑）。

日　ドンタコスTシャツってなんだよ（笑）。
設　怒られるわ、ドンタコスに。

ラジオネーム　やまうちんこ
大島麻衣の写真集で、絶対シコるんだ！

日　シコるんだ！（笑）。
設　シコるんだ！
日　まあね。
設　まあ、大島も喜ぶかもしれないね。
日　喜ぶだろ。

ラジオネーム　いろはに金平糖
1日3回オナニーすることを猛打賞と呼ぶことを提案したい！

日　打つんだ、あれって。
設　まあね。打つってこと。
日　打つってことなんだね。
設　にしてるんだね。
日　ね。
設　猛打賞…猛打賞って呼ばねーわ（笑）。
日　呼ばねーよ（笑）。

ラジオネーム　天草大王
これまでの人生の集大成のようなオナニーがしたい！

設　すごいのするのかな。
日　意味がわかんない（笑）。
設　集大成のような、すごい、壮大なのがやりたいのかな。
日　ねー。
設　なんだろね、すっごいのって。
日　どうやるんだろ。
設　わかんねーな、なんか。
日　喜び、悲しみ全部あるってことでしょ？
設　うん、まあそうだろうね。照明とか音楽とかがあって、最終的には、ナイアガラの滝みたいな花火がザーッてなって。
日　うん。
設　で、最後真っ暗になってシュビュッて出す。
日　（笑）。泣いちゃうかもしんない。
設　（笑）
日　うんうん。

ラジオネーム　振りすぎファンタ
いつか技術が発展して、ロボットにちんこをシゴかれる時代が来るだろう！

日　来るだろう！
設　来るだろうね。
日　これは来るでしょ。
設　うん。来るだろうね。

ラジオネーム　振りすぎファンタ
かき氷のブルーハワイのシロップがかかったところに、ちんこをぶっ刺したい！

設&日　（笑）
設　ブルーハワイかなー。ブルーハワイ？
日　ブルーハワイじゃないね。
設　いちごじゃない？
日　そうだね。いちごだね。いちごだよ。
設　メロンでもないよね。
日　うん。
設　ブルーハワイは、だからちょっと変態なのかもね。
日　ね、いちごだよ。
設　いちごー…「かき氷シロップちんこぶっ刺したい」心理テストやったら変態性がわかるかもね。
日　そうだね。
設　いちごじゃない？　みんな。
日　練乳？
設　練乳はもう本当、日村さんすごいよ。
日　ダメなのかな？
設　いやいや、すごいと思う。
日　すごいのかな。
設　今いいの言ったと思った。
日　ね。
設　練乳って、ちょっとなんかすごいね。
日　ね。そうなってくると、あんことか練乳とかさ。
設　あーそっちもいく。
日　そっちも。
設　宇治金時とか。
日　そう、宇治金時。
設　あー宇治金時も相当な、やばそうだね。
日　ね。
設　やっぱブルーハワイってちょっとなんかやばそうだね。
日　そう。なんかサイコパスなものを感じる。
設　うん、わかるわかる。えー、オークラは？
オ　俺、いちごですよ。
設　ぶー（笑）。その言い方なんだよ、その言い方なんだよ（笑）。
オ　（笑）
設　その言い方なんなんだよ（笑）
日　「俺、いちごですよ」。
設　やめてくれよ（笑）。その言い方なんだよ!?
日　なんだよ、今の余裕の言い方（笑）。
設　その言い方。
日　「俺、いちごですよ」。
設　当たり前すよ、みたいな（笑）。
日　「当たり前っすよ」なのよ。
設　え、「あー俺、いちごですよ」。
日　「俺、いちごですよ」。
設　ちんこぶっ刺したいかき氷を訊いてんだよ。なんだよ、その言い方（笑）。
オ　（笑）
設　これ絶対ステッカー作られるぞ、今の言い方。
日　マジで、今ってどうゆう心理で言ってるの？（笑）。
オ　いや（笑）。
設　オークラさ、ちんこ突っ込みたいいちごって何？…いや、なんだよ今の言い方（笑）。
オ　（笑）
日　「俺、いちごっすよ」（笑）。
設　おい、なんだよ今の（笑）。おもしれーな。
日　おもしろすぎるんだけど。
設　どうしたんだよ（笑）。
日　おじさん。おもしろいね。
設　おっかねーよ。
日　「俺、いちごですよ」。
設　「俺ーいちごですよ」。
日　何今の（笑）。
設　なんなんだよ（笑）。
日　おもしろいねー。
設　うん、びっくりしたよ。

2018/08/10

演出

ラジオネーム　天草大王
さあ今宵も始まりました、『クイズ・イノオネア』。今回の挑戦者は、バナナマン日村勇紀さんです。このクイズ番組のルールはいたって簡単。嗅覚のみを頼りに、猪野さんのTシャツや、シューズ、キャップはどれなのか当てていただくクイズ番組となっております。日村さんにはライフラインとして、君香へのテレフォン、宮嵜プロデューサーの50フィアーザ、ADジャニドロによるオーディエンスが使えます。10問正解すると、猪野さんのポケットマネーから1万円がもらえますよ。そ

れでは目隠しをして、解答席にお座りください。

設　『イノオネア』。

日　『イノオネア』おもしろい。

設　テレフォン使っても、猪野のことなんてわかんないよね。

日　（笑）

設　匂いでやるのに、テレフォン使ってね。「わかんないよ！」って言われちゃうね。

日　（笑）

設　「匂い来ないよ、こっちに」。

日　（笑）

設　「それで、猪野さん？　知らない」つって。

日　もうやめてよ、テレフォン。君香のテレフォンは。笑っちゃうから（笑）。

設　（笑）

ラジオネーム
天草大王

映画館の4DXでAVを観て、女優が潮を吹いた瞬間、顔面に水をかけられたい！

日 （笑）。わかんなくないんだよな、俺こういうの。
設 わかんなくない、うん。

ラジオネーム
じだんヘッド

俺がAV男優になったら、ちんこが勃起する瞬間、ライトセーバーの効果音をつけてほしい。

日 （笑）
設 ブーンって、ブーーーン。
日 ブゥンブゥンブゥンブゥン!!
設 ってね。

ラジオネーム
こばやしこ

ペットボトルロケットに感情があったら、「あ〜もうダメ、これ以上入んない、あ〜イクイクイク、イッちゃう!! プシューッ」って思ってるかなって考えたら、勃起しました！

設 やばいよ、こいつ。
日 あれで勃起できたら大したもんだよ。
設 う〜ん、大したもんだ。

ラジオネーム
別れ際、ちょっとムキになる

ちょっとエロめのラッキーなことがあったときには、小さい声で「ボッキー」と言います。

設 ラッキー、ボッキー。
日 「今日ボッキー」。これ言おうかな。

ラジオネーム
北野がキタノ

部屋に女の子が来て、いいムードになったら、ちょっと行ってくるねと言って、シコる!!

設 ふふふふ、もったいないね。

日 ねぇ、もったいないねぇ、彼女いるんだからねぇ。彼女じゃないのかねえ。

ラジオネーム
くろろ17

俺だって、バナナマン日村みたいに彼女にソール、ソールと変なあだ名で呼ばれたい。

設 まあね、そりゃそうだよ。ソリャソール、ソルソール。

日 なんだよ、ソルソールって（笑）。

設 やっぱ、そりゃ彼女がいない人からしたら羨ましい。

ラジオネーム
豆腐小僧

日曜日は誕生日なので、朝から風俗に行って、その後ひとりで銀座で寿司を食べて、また風俗に行って、アメ横でスニーカーを買って、ラーメン食べて、家に帰って、ラジオを聴くんだ。

設 日村さんもこんな日々あったね。

日 あったねー。

設 懐かしいね。

日 懐かしいね。

ラジオネーム
天草大王

いいアイディアがひらめいたとき、ちんこがピカってほしい。

設 イヤイヤ、恥ずかしいよ（笑）。ズボン穿いてたって、なんか光ってるのがわかっちゃうもんね。

日 ピカー（笑）。

設 あ、コイツひらめいたなって周りにも段々バレる。

日 うん。

ラジオネーム
ファイヤーダンス失敗

迷彩の服を1着でも持っている女は、ヤリマン。

設&日 (笑)

設 けっこうな率でヤリマンになっちゃうね、そうすっと。

日 何これ、どゆこと。俺、全然意味がわかんないんだけど。

設 迷彩の服着てるって、割と攻撃的なイメージで、セクシーだからってことじゃない?

日 あぁ、そういうことか。

設 偏見だよね。でも前から迷彩ものって、ファッションアイテムみたいになってるから、けっこうな人数がヤリマンになっちゃう。

日 おもしろい。

設 でも確かに、男でも迷彩の服着てたら、イケイケっぽく見えるよね。

日 まぁね。まぁ、でも、人にもよるって思っちゃうなぁ。

設 う〜ん、そうね。俺とか昔っから古着とかで迷彩の服、着てるし。

日 でしょ?

設 でも別にヤリマンじゃないし、俺。

日 ヤリマンなわけねぇよ。

設 日村さんて迷彩の服、もってる?

日 今はまったくもってないね。

設 オークラ、迷彩の服もってる?

オ えーっと、あー、最近はもってないっすね。

設 ふたりは全然ヤリマンじゃないってことだね。

ラジオネーム **メガネ玉手箱**

天気予報見ずに
薄着で寒い寒い言ってる女は、
ヤリマン。

ラジオネーム **豆腐小僧**

お祭りの屋台で
いきなりケバブを
食べちゃう女は、
ヤリマン。

ラジオネーム **あの日知恵熱が出たんだ**

黄色い車に
乗っている女は、
ヤリマン。

ラジオネーム **満月武**

家にチーズフォンデュの鍋がある女は、ヤリマン。

ラジオネーム **生ジュース**

ドレッシングを
かけすぎる奴は、
ヤリマン。

ラジオネーム **メガネ玉手箱**

家にビニール傘が
いっぱいある女は、
ヤリマン。

ラジオネーム **メガネ玉手箱**

お兄ちゃんのことを
おにいと呼んでいる妹は、
ヤリマン。

ラジオネーム **満月武**

「飲み行こーっ」っていうとき
お酒を飲むジェスチャーをする女は、
ヤリマン。

ラジオネーム
監督品川ピロシキ

日村勇紀はプロポーズのときに、鼻の軟骨を渡した。

日 パカッて開けて（笑）。
設 指輪が入っているやつに、パカッて開けたら鼻の軟骨が。
日 （笑）
設 軟骨まだもってるの？
日 もってますね〜。
設 （笑）
日 （笑）
設 言われなかった？　ソールこれ何？って。
日 いや全然。ちゃんと見せたから（笑）。
設 これソールの軟骨なんだよって？
日 言ったかもしんないね、ソールって。その頃「ソールってなんだよ」って本当に思ってた頃だね。

※日村は、２０１６年に鼻の軟骨を取る手術をした後、鼻の軟骨を番組に持ち込み、それを見た設楽は「これダメだろ、見せたら！　気持ち悪いだろ！」と絶叫した。

ラジオネーム
寝耳にブスの喘ぎ声

野呂佳代に「本当にDカップなんですか」と訊くと、「水戸の巨乳だって実際はわからんでしょうが」とキレる。

設　水戸の巨乳事件っていうのがありましたね。

日　あったなー、水戸の巨乳。水戸に巨乳がいるって噂だけで車で行っちゃうんだもんね。信じらんないよ、今思うと。

設　夜にね。

日　夜に行ってんだよ、それも。

設　水戸市の市長さんに会う機会があってね。

日　ありました。

設　「日村さんが昔、夜中に水戸に巨乳がいるって行ったことがあるんですよ」って。

日　言ってましたね（笑）。

設　たぶん、あそこ使われないだろうね。

日　使われないでしょうね。

設　（笑）

日　使われないです。水戸の市長さんがいるんですから（笑）。その人めがけて「水戸の巨乳に会いに行った」なんて（笑）。

設　そうですね。すいませんでした（笑）。

ラジオネーム
三歳のサイ

ADドロボーに「昨日の『ドラえもん』観た？」と訊くと、「いや観てないです。あとドンタコスもあります」と言ってくる。

日 関係ねーだろうよ。なんでドンタコスのこと言ってくんだよ（笑）。

設 もうわけわかんない。

日 「あとドンタコスもあります」。

設 いや、観てないんだろ。観たんだったらまだ、観てないんだろ。観たんだったらまだ、あとに続くけど。

日 「観てないです」で、「あとドンタコスもあります」ってもうやばいだろ。

設 関係ねーだろ、ドンタコス。

日 なんで、ドロボーに「ドラえもん観た？」って訊くんだよ。

設 （笑）

日 昨日のワールドカップの日本戦だったらわかるけど。

設 ドから始まるものがくると、「あとドンタコス」って言っちゃうの？（笑）

日 （笑）

設 ドロボーちゃんは。

日 あードリトス。

設 ドリトスからのドンタコスだから。

日 ドだけなんだ。

設 ドで反応しちゃうんだ。

※ポテチの食べ方のメールから設楽の好きなドリトスの話になり、リクエストを受けたADドロボーはドリトスと、なぜかお願いされていないドンタコスを買ってきた。

ラジオネーム
キングダムハーツ

ADドロボーに「ドンタコス買ってきて」と頼むと、「ドンタコスと、あと、ドンタコスも買ってきました」と言う。

日 「ドンタコスもあります」。

設 ひどいね。2個買ってきちゃう、ドンタコスをね。

日 （笑）

ラジオネーム
だだだだだ

ADドロボーは、セ・リーグの6球団をすべて答えよ、と問われると、「巨人、ベイスターズ、ヤクルト、阪神、カープ、あと中日ドンタコス」と答える。

日 もうわかっちゃうんだけど、でも笑っちゃうね（笑）。
設 笑っちゃった。
日 中日ドンタコスって（笑）。
設 いや、違う、ドラゴンズよ（笑）。
日 おもしろいよね。
設 ドラゴンズ、ドラゴンズ。
日 中日ドンタコス（笑）。

ラジオネーム
バラマンディ

ADドロボーに「なんか飲み物買ってきてよ」と頼むと、水とドンタコスを買ってくる。

設 「ドンタコスもあります」（笑）。
日 そんなときまでドンタコスくる？「ドリトスと、あとドンタコスもあります」じゃなくて。水頼んだだけで来るの？（笑）
設 おもしろいねー（笑）。
日 おもしろい。

ラジオネーム
謙虚なビッグマウス

ADドロボーは、桃が川から流れてくるときの音を「ドンタコス、ドンタコス、ドンタコスもありますよ」と言う。

設 違う。「どんぶらこ」なのよ。「どんぶらこ、どんぶらこ」よ。ドンタコスじゃない。昔話だから。
日 よく見つけてくるね、みんなドンタコスに似た音を（笑）。
設 （笑）

ラジオネーム
全力疾走

おぎやはぎの小木と矢作どっちが好き？と訊かれて、小木と答える女はヤレる。

日 いやいやいやいや。わかんなくもねーなぁ、なんか。小木さん好き、ってすげぇなって思うもん。
設 うん。ヤレそう。
日 なんかわかるけど。
設 わかるね。
日 人気あるからね。
設 ね。知らないうちにエロメネスのほうにも入ってたんですけど。
日 エロメネスだいぶ入ってたよ。

ラジオネーム
スプリングマン

童貞のオナニーは1000回でセックス1回分とカウントされる。

設&日 （笑）
日 そんなことないんだよ！
設 いや、でもそうだと思うよ。
日 なんでだよ！
設 オナニー1000回はセックス1回、でいいんじゃないかなぁ。

ラジオネーム
卓与四郎

歌の歌詞で「僕が君を笑わせるから」みたいなフレーズがあるが、その歌詞を書いた奴のトークはおもしろくない。

設 「笑わせられないだろ、お前は」っていうね。
日 なるほどね。そういうことか。
設 うん。「この後の人生、僕が君を笑わせる〜から〜♪」みたいな。
日 うんうんうん。

ラジオネーム
リョブーン

おばさんかおじさんかわからないときに一か八かでおじさんと言うと、だいたいおばさん。

日 言わなきゃいいじゃん、そういうときって。「すいません」って話しかけたいのかな、なんかわかんないけど。

設 これあのだいたい、女性にしといたほうがいい。

日 そう、女性にしといたほうがいいんだよね。

設 あの、子供もそう。赤ちゃんだとかわいいですねーなんて言って。

日 「女の子ですかー？」。

設 って言ったほうがいい。

日 いいのよ。

設 そう。女の子って言われたほうがいいらしい。

日 いいんだよ。一か八かでおじさんって言っちゃダメなのよ！

設 そうだね。子供の場合も〝ボーイッシュ〟な感じでね。

日 そう。

設 そういう子にもそうだね。

日 そうそうそう。

設 女の子って言ったほうがいいんだよね。

ラジオネーム
長靴を履いたロボット

焼き鳥の皮が好きな奴は、全員包茎。

設 逆かもね。

日 そうそう、俺そんなに皮食わないし。

設 皮に対して恨みがある。

日 うん。これはありえない。

設 逆？

日 これ、逆です。これ逆の説のほうが当たってると思います。

ラジオネーム
チョップマンのキック

抹茶のことをお抹茶と言う女は間違いなく、ちんちんのことをおちんちんと言う。

日 間違いなくかどうか知んないけど。

設 まぁ言う確率は高いよ。

ラジオネーム
でろでろりあん

バナナマン日村勇紀は、大福餅を差し入れでもらうと一回建物から出て、道に生えている葉っぱを巻いてから食べる。

設 葉っぱがありきなんだよ、葉っぱないと食えない。
日 (笑)
設 「これがうめーんだ。これが大人だと思ってた」。
日 (笑)

ラジオネーム
ぽんかん

バナナマン日村勇紀はロールキャベツを見ると、食べられるかどうか実家に確認する。

設　「ロールキャベツの周りの葉っぱって食べれんだよね」（笑）。
日　ロールキャベツって言ってんのに。ロールキャベツの周りの葉っぱって（笑）。
設　ね。おもしろいね。

ラジオネーム
東北自動車道

グーグルマップで日村勇紀と検索すると、自宅マンションでオナニーしている日村の様子がパソコン画面に映し出される。

日　こえー、こえーよ！　グーグルマップで個人名入れたら、そこ行っちゃうってちょっと怖いよ。
設　ギュ　ギュイン　ギュイン　ギュギュイーンって行ったら、もうマンションの中まで行ってオナニーしてる。
日　なんってその瞬間撮られたのお前、みたいな。

ラジオネーム
サイレント失格

野呂佳代も柏餅の葉っぱを食べる。

日　（笑）
設　野呂も食ってる、と。

馬場ファイン《ラジオネーム》

えー日村さんが楽屋に入ったら、野呂佳代さんがカエルのポーズをして座ってます。日村さんは驚いて言葉を失いつつ野呂佳代さんの横に正座してください。で、頭を撫でます。そしたら野呂佳代さんは小声で「私も結婚したいな」と言いますので、日村さんは頭を撫でながら「痩せな」と言ってあげてください。

日 ありましたねー（笑）。
設 でも痩せなくたって結婚できた。
日 痩せなくたって大丈夫です、大丈夫です。

馬場ファイン《ラジオネーム》

えー、野呂佳代さんはまず、『かおたん』で食事をします。レジで肉野菜炒め分のお金を払おうとすると、店員さんから「あなたもっと食べたでしょ」と言われます。そしたら野呂佳代さんは「肉野菜炒めしか食べてないよ。チャレンジ！」と言って、VARを使って野呂佳代さんが肉野菜炒め以外のものを食べたかビデオ判定します。するとビデオには肉野菜炒め、チャーハン、麻婆豆腐、冷やし中華を食べている野呂さんが映っているので、野呂さんはお金をしっかり払ってください。

日 よくチャレンジしたな（笑）。
設 でも意外とさ、ちょっと太ってる人とかってさ。
日 うん。
設 食べちゃったことに気づいてなかったり。
日 いやいや（笑）。
設 話に夢中で、「え、これ私食べたっけ」みたいな。
日 マジで？
設 いや、小山がよく言うのよ。
日 あいつ、マジで？
設 「あれ、これ私食べました？」ってよく聞くんだけど。
日 すごいな。
設 話してるとなんかそっちに夢中になって、食べたことの…
日 記憶がない。
設 だからよくないよね。もったいないよね。
日 もったいない。
設 せっかく食べたのに。
日 そう。記憶がないなんてもったいないよ。

馬場ファイン《ラジオネーム》

えー日村さんにはまず、いつもどおり柏餅を葉っぱごと食べてもらいます。そこにサザエを貝殻ごと食べる野呂佳代さんが現れます。日村さんは「野呂ちゃんてさ、サザエを貝ごと食べるの？ おかしくない？」と言ってください。野呂さんは「いや、柏餅を葉っぱごと食べてる日村さんに言われたくないですよ」と言って、お互い自分が正しいということを説得し合ってください。

設 サザエ、貝殻ごと食えない。
日 （笑）

ラジオネーム
皐月生まれの河童

えーまず日村さんは、楽屋で番組収録が始まるまで寝ていてください。すると、共演者である野呂佳代さんが挨拶に来ますので、日村さんは起きて挨拶すると同時に、うんこを漏らしてください。野呂さんはそこでひと言、「汚ねえな、グズかよ」と言うので、日村さんは「グラだわ。グズはオークラだわ」と訂正してください。ここで偶然楽屋の前を通ったオークラさんが会話に割り込んできて「グズは日村さん。グラは俺ですよ」と言いますので、日村さんは、オークラさんとグラの座をかけてケンカしてください。すると、オークラさんはケンカに熱が入り、力んでうんこを漏らします。そこで野呂さんが「だから、汚ねえな、どっちもグズだわ。いい歳した大人ふたりがうんこ漏らしてんじゃないよ」とキレますので、日村さんとオークラさんはふたりそろって、おとなしくトイレにケツを拭きに行ってください。それでは、参りましょう。よーい、アクション！

ラジオネーム
馬場ファイン

えーこれからバナナマン単独グッズの写真を撮ります。日村さんはバTシャツを着てくださーい。野呂さん、野呂さんはナナTシャツを着てください。オークラさん、オークラさんはマTシャツね、着てくださいね。えープロデューサー宮嵜さん、ンTシャツ、えー着てくださいね。はい、えー横1列に並んでいただきます。そして写真を撮って、SNSに載せると、コメントに「デブしかいないから、サイズわかんねーわ！」と来ます。そしたら、そのコメントに野呂さんは「私、Mサイズです」と補足を入れます。すると「嘘つけ、お前はXLだろ！」と苦情が来ますので、野呂さんは「ごめんなさい。嘘つきました」と謝罪をしてください。

設 なんだろね（笑）。

ラジオネーム
元祖うまいどチャンプウマイド

バナナマン日村勇紀は、今まで呼ばれてきたあだ名の中で「ユキュソ」を最も気に入っている。

日 気に入ってるとかないよ（笑）。

設 ユキュソからのね、ソールだからね。

日 まずユキュソからのユキュソールになるんすね。

設 ユキュソ期はどれぐらいあったの？

日 ユキュソなんて。

設 高速で流れた？

日 もうそんなの1日もない。

設 あ、本当。

日 うん。もう10分くらいの世界です。ユキュソなんて。

設 なるほど。もうじゃあ、ソールがなんてったってダントツ長いわけね。

日 ダントツ長いです。

設 そうなんだ。日村とか勇紀とかじゃなくて、ソールがいちばん長くなって…

日 日村なんてまったくないですね。ゆう君ですね。で、ユウキュン。

設 で、ユウキュンか。

日 で、ユキュソ。

設 そかそか。

日 ユキュソなんて全然です。で、ユキュソール。もうソールが出てきたら、あとはもうソール。

設 そうだね。

日 うん。

設 でもまだ途中かもしれないっていう恐怖がある。

日 （笑）。でもだいぶ長いんだよな。1年半ぐらいソールだから。ここで変わるのはあるのかなー。

設 パパソールとなるもんね。

日 あー子供できたらってことね、ひょっとしたらね。

設 うん。あとパーソとか。

日 パーソね。

設 ソーパ。わかんないけど。

日 ね。

※日村のラジオ内でのあだ名は、ヒムケン、バイブ、たけし、ヘチマ、ポル太郎、バラマンディなどがある。設楽が日村夫妻と食事をしたときに、奥さんが日村を「ソール」と呼び、ふたりでの呼び名が発覚した。

ラジオネーム
サラっとラムネ

バナナマン日村勇紀は自分の飯のことをソールフードと呼ぶ。

日 自分でソールフードって言わないから、俺。言うときは「地元の飯」のことを言うから。「ソウルフード」って。

設 そういうの、わけわかんなくちゃう、これから（笑）

ラジオネーム
つば五郎

日村勇紀の父つよしは、妻きみかからウルトラソールと呼ばれている。

日 ウルトラマン父、ウルトラマン母の流れね。

設 いや、ウルトラソウルじゃない？

ラジオネーム
デタラメ人事

日村勇紀は「そりゃそうだ」と言おうとして「ソルソール」と言った。

日 言わねえよ（笑）。

設 自分でソールって言わないんだもんね。

日 絶対言わないす。

ラジオネーム
神戸市ジャガー

日村勇紀は『アンビリーバボー』の再現VTRで出演者が泣いているとき、たまに勃起している。

設 やばいね。

日 後ろで泣いてる姿を感じながら、実は軽勃起してるっていう。

設 ありえないよ。

ラジオネーム
しゃかりきコロンブス

日村勇紀に昨日の夜、何食べたと訊くと、30秒考え込んだ後にゲロを吐く。

日 昨日の夜、何食べたって（笑）。う〜んて30秒考えてウヴェロロロロ！って（笑）。

設 めちゃくちゃ、おもしろいじゃねーかよ。

日 何考え…何を食ったんだよ。

設 どういうことなの？

日 何食ったんだよ昨日の夜？ どーいうことなんです、ゲロ吐いたって？ おもしろすぎるわ。

ラジオネーム
アバブネイル

日村勇紀は、アルファベットのDをデーと言うのを通り越してダーと言う。

設 エービーシーダー？ 東京ダズニーランド。

日 なんでだ俺？ なんでダズニーランドって言うんだ？

設 すげーね。エーダー？ ダー…ダークターさん。

日 ディレクターさんね、言いづらい。

ラジオネーム
振りすぎファンタ

もし俺に彼女ができたら、今日は一日中セックスするだけ、という日を作りたい。

日　いいね純粋だね。
設　純粋だねえ。

ラジオネーム
裏側の瞼

肛門にミニカーを丸々全部入れて、日村勇紀に俺は、勝つんだ！

設　勝ち負けじゃないからね。
日　勝ち負けじゃない。そういうことじゃない（笑）。

ラジオネーム
振りすぎファンタ

除夜の鐘の数だけポコチンを擦り、最後の1回で射精したい。

日　うまいことイケるかなあ。
設　ねー、百八つ。

ラジオネーム
麦茶がぶ飲み太郎

もし僕にセックスのテクニックがあったなら、女性をすぐびしょびしょにしてしまうという理由で雨男と呼ばれたい。

日　あ～（笑）。なるほどね。
設　なるほどね（笑）。

ラジオネーム **カレーよりハヤシ**

女の子が膨らましたシャボン玉をちんこで割ったら、ほとんどセックスだと思う！

日 全然セックスじゃないよ。

ラジオネーム **リトルモーツアルト**

かわいい女の子から俺のちんこを鬼と呼ばれ、節分の日には豆をぶつけられたい。

日 最高だなぁ！

設 鬼～！ つってね。

ラジオネーム **顔デカアドバルーン!!**

ファンから握手してくださいと頼まれたら、そっとちんこを差し出す、サオ対応をしてネットで賞賛されたい。

日 バカすぎる（笑）。

設 サオ対応（笑）。

ラジオネーム **ビーブジャーギー**

僕はこれからの人生、チョキしか出さないんだ！

日 言っちゃダメよ、言っちゃダメよ。

設 言わないほうがいい。

ラジオネーム **ベースボールマン**

もし日村坂46のオーディションがあったら、応募したい！

設 いや、これ絶対入ってもなんにもならない。

日 おー（笑）。

設 在籍人数ふたり。ジャニオタとドロボー。

ラジオネーム **顔デカアドバルーン!!**

刑事さん！僕が童貞であると証明できる人物は誰ひとりいませんよ！

設 どういう宣言だよ。刑事さんに言ってる。

日 （笑）

ラジオネーム **注文**

カバンの奥でおにぎりが潰れてる奴は、童貞。

日　うっはっはっはっは。
設　これわかる気がする。日村さんよく潰れてたよね。
日　潰れてる、今だってたまにある。

ラジオネーム **マッハみこすり半**

鈴木タケヤスは童貞。

日　結婚してるわ（笑）。童貞（笑）。
設　童貞じゃないってね。
日　童貞じゃない。

ラジオネーム **別れ際、ちょっとムキになる**

何かの容疑で疑われたときに、「証拠はあるんですか⁉」と訊く奴は、犯人！

日　（笑）
設　ん〜まぁね。
日　まぁそうだろうね。

ラジオネーム　落合のダッチワイフ

トイプードルの前世は、女の子の裸を見たいと強く願った中年のおっさん。

設　トイプードルになると、若い子の裸が見れるからか。
日　そうだね。
設　でも前世がさ、中年のおっさんって。前世なのに中年のおっさんで終わってるんだね、そのおっさんたち。悲しいな。
日　悲しいね。
設　悲しくねーのか。なれたから。

ラジオネーム　顔デカアドバルーン!!

自分の部屋で小銭を拾って、ラッキーと言う奴は、バカ！

設　まあね。
日　そうだね（笑）。
設　自分のもんだからね。

ラジオネーム
ヘルシェイク矢野

野呂佳代は日村の結婚についてコメントを求められると「やっとかと思いました。まるで私の唐揚げ定食だけ遅れてやってきたような気持ちです」と言う。

ラジオネーム
思ったより小さなゾンビ

野呂佳代は収録中に腹が鳴ったとき、ごまかすために「腹の豚が鳴いただけです」と言う。

ラジオネーム
金のマンタ

野呂佳代がいなり寿司セットを食べる量を歌にすると、1日1個♪ 3日で3個、3個包んで2個食べる♪

ラジオネーム
口癖はソイソース

先週のこのコーナーで「野呂佳代のファンにはなりませんでした」というネタを聞いて、野呂佳代はぜったい落ち込んでるから優しく慰めれば、ヤレる！

ラジオネーム
馬場ファイン

野呂佳代は「最後の晩餐何食べたい？」と訊くと「なんでそんなこと訊くの？」と言って泣き出す。

ラジオネーム
コバヤシコ

野呂佳代はパピコを誰かと分けたことが人生で一度もない。

ラジオネーム
たいせいの体勢

野呂佳代は赤ん坊の頃、哺乳瓶に入っていたデブドリンクをがぶ飲みしていた。

ラジオネーム
キングダムハーツ

野呂佳代に「なんか私服ダサくない?」と言うと「食べられないものにお金をかける意味なくね?」と言う。

ラジオネーム
スプリングマン

野呂佳代がディナーショーをやると、野呂佳代も一緒にディナーを食べる。

ラジオネーム
なおちゃん先輩

野呂佳代はイタリアがW杯に出場できなかったと聞くと、悲しい声で「もうピザ食べれなくなっちゃうの」と言う。

ラジオネーム
振りすぎファンタ

足を擦りむいた野呂佳代に「大丈夫?」と声をかけると「大丈夫、こんなのカレーかけたら治るから」と言う。

ラジオネーム
馬場ファイン

野呂佳代の頭の中に出てくる悪魔と天使は、どちらも太っている。

ラジオネーム
ヨーピーゴールドバーグ

野呂佳代は、ヒロメネスのコーナーで、野呂佳代ネタを聞いているとき「それもう偏見でしょうが」とツッコミつつ、チャーシューを頬張っている。

ラジオネーム
ロシアの赤いバラ

野呂佳代が美容室に行くと、頭を洗った後、肉まんが出てくる。

ラジオネーム
裏側のまぶた

野呂佳代は今回のAKB総選挙で数票投票されていた。

ラジオネーム 振りすぎファンタ

バナナマン日村勇紀はセミにションベンをかけられると、その場でションベンをかけ返す。

設 なかなか難しいよね。
日 なかなか難しい。でもセミのションベンってよく昔かけられた。
設 マジで（笑）。
日 セミのションベンとか、ハトのフンとか、カラスのフンとか、ものすごい、俺に集中してくるね。
設 本当だよね（笑）。日村さんの車とかによくうんこがね。
日 うん。この季節になるとだけどさ。ものすごいよね。
設 だって屋根のあるところに置いてる車でしょ？
日 まあ普段はね。
設 だから走ってるときとか、どっか停めてるときにフンをつけられてるってことだよね。
日 はい。自慢のポルシェのど真ん中に。フロントガラスのど真ん中にピシャーンつって。
設 だからホントはポルシェじゃなくて、日村さんを狙って、ポルシェが守ってるみたいな。
日 守ってくれてる感じなの。
設 すっごいよなー、日村さん。
日 車がなかったらやばいよ。クソだらけだよ。

勇紀

ラジオネーム アヒル

バナナマン日村勇紀は、プレゼントされたカエルの置物をすでに失くしている。

設 あんなでかいの。
日 あれ失くしたらすごいでしょ。
設 でもわかんないよ。
日 忘れたんじゃなくて、失くしたんでしょ。

ラジオネーム **コバヤシコ**

バナナマン日村とオークラは、新宿から西武新宿まで歩くとき、「こんなに歩くんだね」と言いながら、渋谷まで歩いてしまう。

設 ハワイのね、あれね。

ラジオネーム **ヒメキュンのウマシカ**

バナナマン日村勇紀は、番組のディレクターに「今のところこうしてください」と指示されても、「俺はLa.mamaを基準にやってるから」と断る。

設 どういうことを指示されたんだろうね（笑）。
日 （笑）
設 「もっと真ん中の奥のほうめがけてください」とか言われたのかな？
日 「いや、待て、俺はLa.mamaを基準にやってるから」。
設 どういうことだよ（笑）。
日 どういうことだよ（笑）。

※ La.mamaは、東京渋谷にあるライブハウス。コント赤信号の渡辺正行が立ち上げた「La.mama新人コント大会」で、日村は「陸上部」というコンビでデビュー。ちなみに設楽 統は渡辺正行の付き人を務めていた。

日村

ラジオネーム **金のマンタ**

バナナマン日村勇紀は直腸検査される際、アナルをいじられ続けると「アナルばっかりいじりいじられて頭がおかしくなっちゃうよ」と照れる。

設 照れるって。
日 （笑）
設 ね。おかしくなっちゃう。

ラジオネーム **キングダムハーツ**

日村勇紀はW杯をテレビで観ているとき、選手がゴールを決めるたびにバルシャークポーズをする。

設 ゴーール！（バルシャークポーズ）。
日 なんでそんなことやんのよ（笑）。
設 決めポーズなのかな。

ラジオネーム **北野がキタノ**

旅先で毎晩オナニーする奴は、
カップ麺ばっかり食ってる。

設 まあ偏見ですからね。
日 わかるね〜。

ラジオネーム **スプリングフォレスト**

夜の歩道橋で
うずくまってる女は、
ローター入れてる。

日 偏見だなー。
設 いや、具合悪いかもしんないからね。
日 そう、そっちだよ。

ラジオネーム **オイラはゴリラ**

「家では常にノーブラです」とテレビでよく言っている女は、
男はそれだけで興奮すると思っているが、
男はそれだけで興奮している！

日 興奮するよ。
設 うん。「家だと裸です」とかね。

ラジオネーム **オクラんぼ**

街中で
かわいい女の子が
配ってる
ポケットティッシュで
精子を拭けば、
その子と
セックスしたことと
まったく同じ。

設 「まったく同じ」。
日 全然ちげーよ（笑）

ラジオネーム **ヒールストップ**

裸足でリビングを走り回る子供は、レゴを踏んで泣く。

日 最後、踏んで泣いて終わりなんだね。
設 なんか踏むよね。

ラジオネーム **さらっとラムネ**

お寿司の中で
ネギトロがいちばん好きな女の子は、
いい子！

日 あー！ いい子っぽいね、なんか。
設 いい子っぽいね、ネギトロ好きな子。
日 うんうん。

ラジオネーム **ムー大陸**

両手の甲を
目にあてて泣く奴は、
泣いてない！

設 確かに。泣いてないよね。
日 （笑）

ラジオネーム **プラダを着たカズマ**

「冗談はさておき」
と言う奴の冗談は
全然おもしろくない。

日 これはそうかもしれない。
設 そうね。おじさんが冗談を言った後に「まあ冗談はさておきね、こっから真面目な話だけども」。
日 つまんねー、今の冗談っていう、ね。

ラジオネーム **トリオエコー**

女子サッカーで自ら立候補してゴールキーパーをやっている女は、チームメイトからお母さんて呼ばれている。

日 偏見。偏見だけどわかんなくはない（笑）。

設 わかるこれ、ね。わかるわー。

ラジオネーム **元中野区アフロ**

スイカを食べるときに、種まで一緒に飲み込んじゃう女はフェラチオをしたときに口の中に入ったチン毛も飲み込んじゃう。

日 バカだ（笑）。

設 偏見だからね。

日 バカすぎるよ。

設 そうとは限んない。

日 そうとは限んねーよ。

ラジオネーム **豆腐小僧**

PKで真ん中に蹴れる奴は、チンコがデカイ！

日 意味がわかんねー！ どうゆうこと（笑）。

設 度胸、肝が据わってる。

日 肝が据わってる。

ラジオネーム **長靴を履いた人**

犬の散歩をしているおばあちゃんは、ノーブラ！

日 絶対そうじゃない（笑）。絶対そうじゃない、いっぱいいるよ（笑）。

設 うん。

日 ブラジャー側のほうがいっぱいいるよね（笑）。

設 うーん、まあ偏見だからね。

日 すげー偏見だわ。

設 まあちょっとわかる。ちょっとなんかわかる気がする。

ラジオネーム **カサオキ**

エッチなお店の、手を繋いで見送りしてくれるサービスは、いらない！

日 偏見とかじゃないじゃん（笑）。なんなのよ、これ（笑）。

設 これ、何これ（笑）。

日 もう己の気持ちだよ（笑）。

ラジオネーム **カレーうどんが大好き**

ヤリマンは、いきなりひな壇に座らせても、トークできる！

日 （笑）

設 いや、できるよね（笑）。

日 わかる！

ラジオネーム **別れ際、ちょっとムキになる**

ヤリマンは、全員『スター・ウォーズ』を観たことがない！

日 （笑）

設 超偏見、超偏見（笑）。っぽいね（笑）。

日 なにこのヤリマンシリーズ（笑）。

ラジオネーム
しゃかりきコロンブス

日村勇紀はルイ・ヴィトンのことをヴィトンではなくルイと呼んでいる。

日 好きになりすぎちゃって？

設 そうなの。友達みたいに呼んでる。

日 ルイ…いやヴィトンでしょ。

設 俺のここに置いてあったルイ…。

日 ルイって言わないでしょ（笑）。

設 「ルイがさぁ〜」。

日 「俺のルイないじゃん。ここに置いてたルイだよ、俺のルイ」。

設 ちょっとダサい奴みたいなね〜。

ラジオネーム
天草大王

バナナマン日村勇紀は君香に電話をして「俺って昔から、立ちくらみを〝たちくら〟って言ってたっけ？」と尋ねると「知らないよ！しっかり水分摂りな！」と言われる。

日 「知らないよ、しっかり水分摂りな」（笑）。あーおもしれ。
設 〝たちくら〟ってそういえば言ってたね、日村さん。立ちくらみのことを略すんだよね。〝たちくら〟ってね。

TBSラジオ

設 でも金曜日のこの辺の時間に番組があると、なんか集中できないかもね。
日 そうだねー。
設 リスナーだった場合は。
日 本当だよー。多いと思うよ。ジャンク聴きながらセックスしてるって。
設 いや。
日 多くないか（笑）。
設 多くないと思うよ（笑）。
日 いちばん少ねーのか、逆に（笑）。いちばんないのかな。
設 わかんない。どうなんだろうね。
日 金曜は多そうな気がするんだけど。
設 金曜は多いよ。
日 「まだ金曜」って。
設 いや、金曜は多いと思うよ。

「明日休みだし」みたいな。
日 あるよね。
設 うん。飲みに行って、そのまとかさ。
日 で、女の子は「なんでラジオつけてんの」って言うだろうね。
設 「ラジオ消せば」って。
日 言うよね。女の子的には。
設 「いや、ちょっとメール送んなきゃだし」。
日 「誰にメール送るの? エッチしてんだよ、今」。
設 （笑）
日 「なんでメール送んの?」。
設 「いや、送るのずっと何年もやってるから」。
設&日 （笑）
日 最悪だよ。別れちゃうよ、そんなの。やばいよ。

TBS JUNK

BANANA MOON GOLD

10 YEARS BOOK

TEXT BOOK / HIROMENESU

2018年11月05日　初版第1刷発行

バナナマン（設楽統　日村勇紀）

TBSラジオ「金曜JUNK　バナナマンのバナナムーンGOLD」スタッフ

構成　オークラ ／ 永井ふわふわ
制作　辻 慎也 ／ ドロボー（中村雅史） ／ ジャニオタ（中村祐子） ／ 猪野勝将
プロデューサー　宮嵜守史

協力　津波古啓介 ／ 柴田俊希
秋山汐里 ／ 足利 蓮 ／ 今野敬介 ／ 下川奈月 ／ 中西珠己 ／ 山中楓子
ホリプロコム

Special thanks　バナナムーンGOLDリスナー

企画　小学館Oggiブランド室
デザイン　種市一寛（FLATROOM）と宮添浩司
編集　山本有紀　岩﨑僚一
制作　望月公栄　斉藤陽子
販売　中山智子
宣伝　野中千織

著者　バナナマン

発行人　兵庫真帆子
発行所　株式会社小学館
〒101-8001 東京都千代田区一ツ橋2-3-1
☎03-3230-5697 編集
☎03-5281-3555 販売

印刷・製本　大日本印刷株式会社

Printed in Japan

ISBN 978-409-388654-3

TBS JUNK

BANANA MOON GOLD

10 YEARS BOOK

PHOTO BOOK

2018年11月05日　初版第1刷発行

バナナマン（設楽統　日村勇紀）

TBSラジオ「金曜JUNK　バナナマンのバナナムーンGOLD」スタッフ

構成　オークラ ／ 永井ふわふわ
制作　辻 慎也 ／ ドロボー（中村雅史） ／ ジャニオタ（中村祐子） ／ 猪野勝将
プロデューサー　宮嵜守史

協力　津波古啓介 ／ 柴田俊希
秋山汐里 ／ 足利 蓮 ／ 今野敬介 ／ 下川奈月 ／ 中西珠己 ／ 山中楓子
ホリプロコム

Special thanks　バナナムーンGOLDリスナー

企画　小学館Oggiブランド室
デザイン　種市一寛（FLATROOM）と宮添浩司
編集　山本有紀　岩﨑僚一
制作　望月公栄　斉藤陽子
販売　中山智子
宣伝　野中千織

著者　バナナマン

発行人　兵庫真帆子
発行所　株式会社小学館
〒101-8001 東京都千代田区一ツ橋2-3-1
☎ 03-3230-5697　編集
☎ 03-5281-3555　販売

印刷・製本　大日本印刷株式会社

ISBN 978-409-388655-0

02 13
ジオ
90.5

ON AIR
STAND BY

SONY

TBSラ

supreme

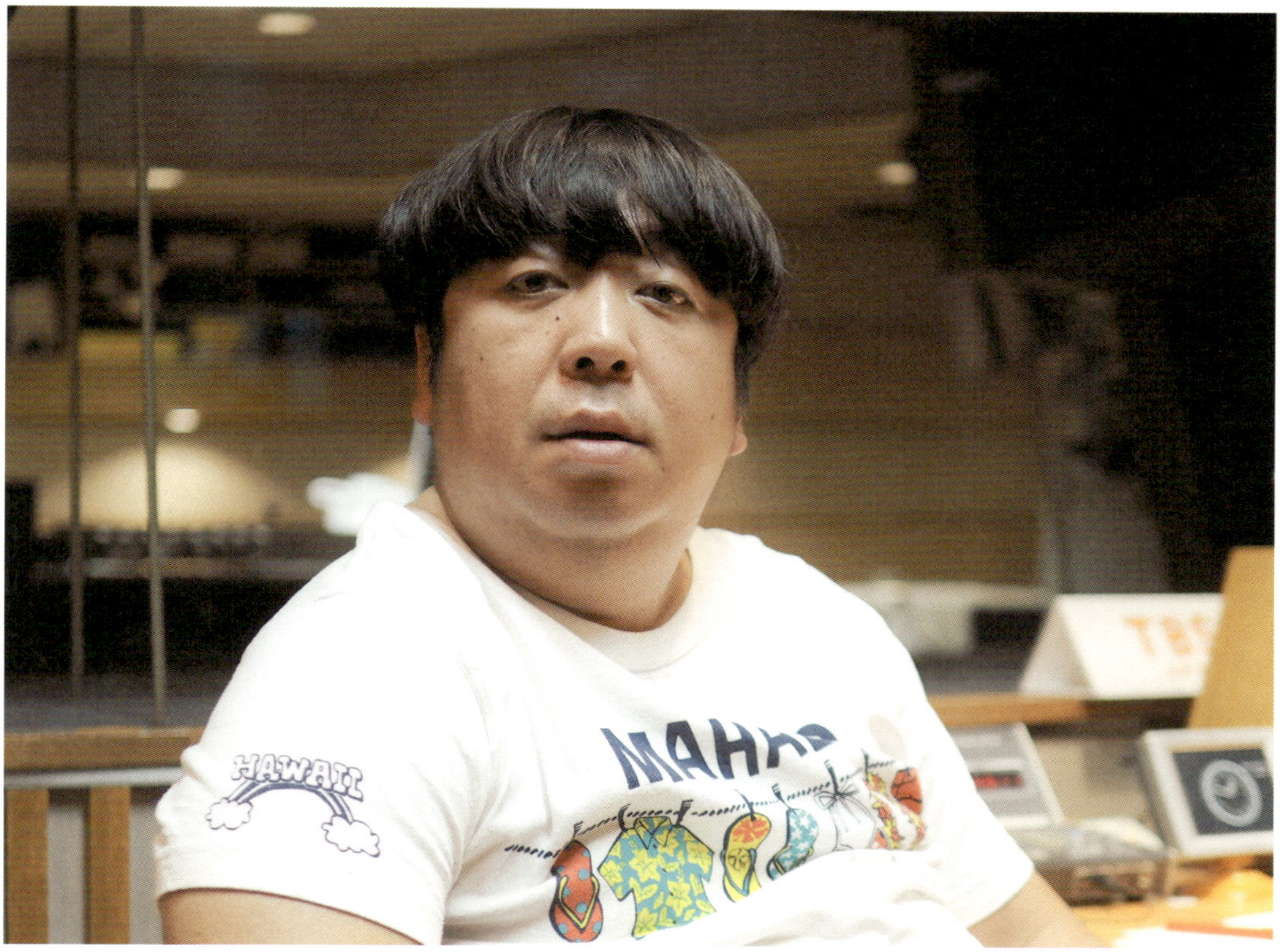
HAWAII

61

CRAZY DARUMA

Supreme

TBSラジオ
犯人

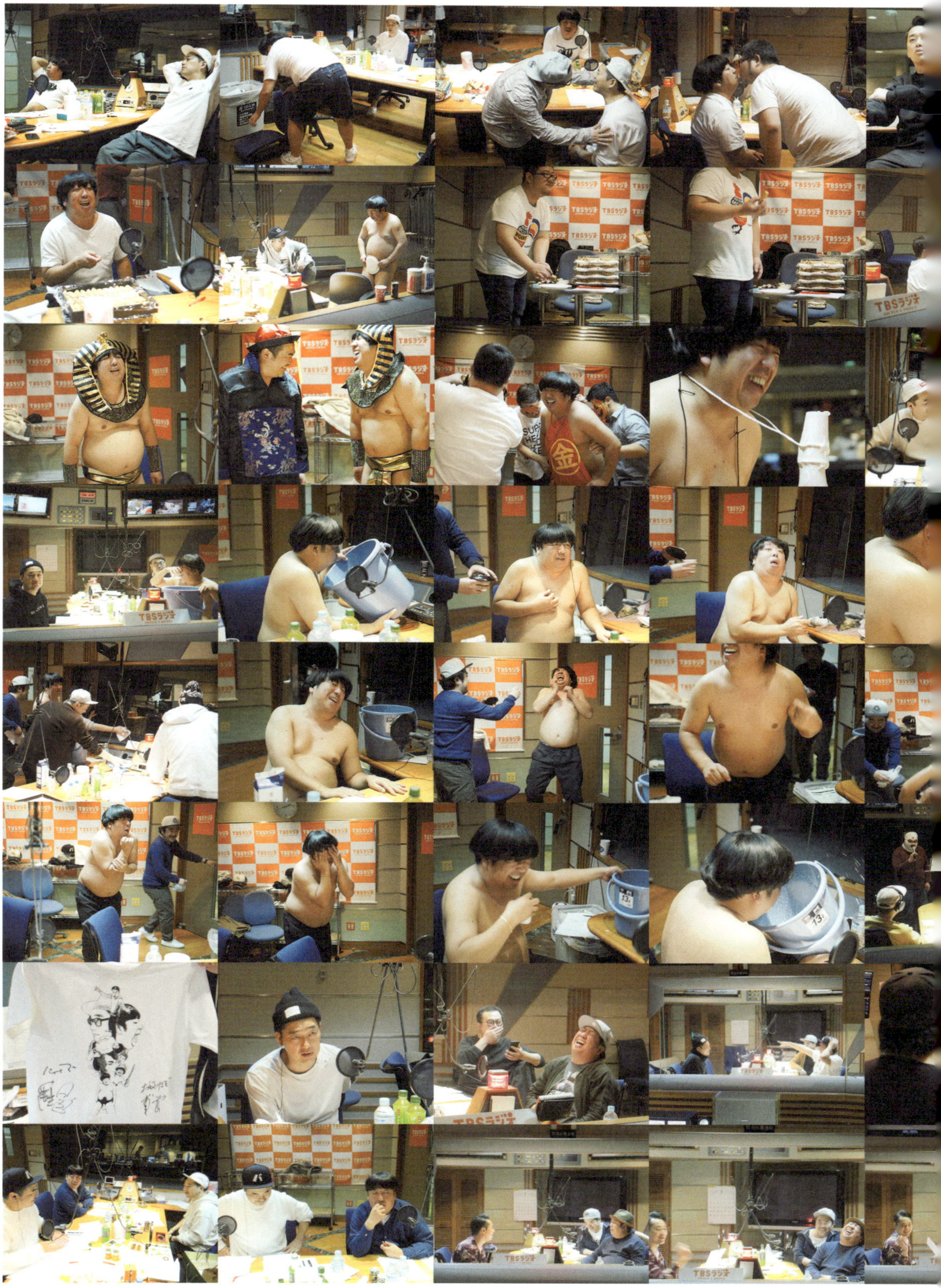
TBSラジオ

マンのバナナムーンGOLD
©TBSラジオ
バナナマンのバナナムーンGOLD
ヒムラ100%
バナナマンのバナナムーンGOLD
バナナマンのバナナムーンGOLD
バナナマンの
バナナムーン
GOLD
まもなく4:45
バナナマンの
バナナムーンGOLD
星野源さん、
今年もありがとう
ございました。
バナナマンの
バナナムーンGOLD
バナナマンの
バナナムーンGOLD
勇紀
チャレンジ
マンのバナナムーンGOLD
バナナマンのバナナムーンGOLD
バナナマンの
バナナムーン
GOLD
バナナマンの
バナナムーンGOLD
ムーゴー放送です
バナナマンの
バナナムーン
GOLD
バナナマンのバナナムーンGOLD
※今夜は、ムーゴー放送です。
バナナマンの
バナナムーンGOLD
プレゼント大放出SP
プレゼント大放出SP
ムーゴー放送です。
バナナマンの
バナナムーン
GOLD
バナナマンの
バナナムーンGOLD
もえあずと大食い対決！！
バナナマンのバナナムーンGOLD
バナナマンのバナナムーンGOLD
バナナマンのバナナムーンGOLD
ヒムペキグランド大賞2017
バナナマンのバナナムーンGOLD
＊今夜はムーゴー放送です
ンのバナナムーンGOLD
バナナマンのバナナムーンGOLD
バナナマンのバナナムーンGOLD
バナナマンのバナナムーンGOLD
4/20 fri 25:00〜 TBSラジオ
4月20日(金)のバナナムーンGOLDは
ラジオコントSP第2弾！！
ラジオコントSP
バナナマンのバナナムーンGOLD
バナナマンの
バナナムーンGOLD
バナナマンのバナナムーンGOLD
ナマンのバナナムーンGOLD
バナナマンのバナナムーンGOLD
バナナマンのバナナムーンGOLD
バナナマンのバナナムーンGOLD
バナナマンのバナナムーンGOLD
ナマンのバナナムーンGOLD
bananaman live 2018
one-half rhapsody
バナナマンのバナナムーンGOLD
バナナマンのバナナムーンGOLD
バナナマンのバナナムーンGOLD
番組10周年を記念して本を製作中！
進捗は随時番組でお知らせします。
©TBSラジオ

日村さん、インフルでお休み
バナナマンのバナナムーンGOLD
©TBSラジオ
#TBSラジオきいてみて
日村ホールインワン記念
※バナナムーンGOLD(TBSラジオ)から
設楽さん(カイザー)へTシャツを作ってプレゼント
プレゼント大放出SP
犯人Tシャツ
TBS RADIO PRESS
祝 放送開始10周年!!
今日は…
ツインテールの
今日は、ムーゴー放送
日村さん46歳の誕生日おめでとう!
星野源さん1年もありがとうございました!
こどもの日記念

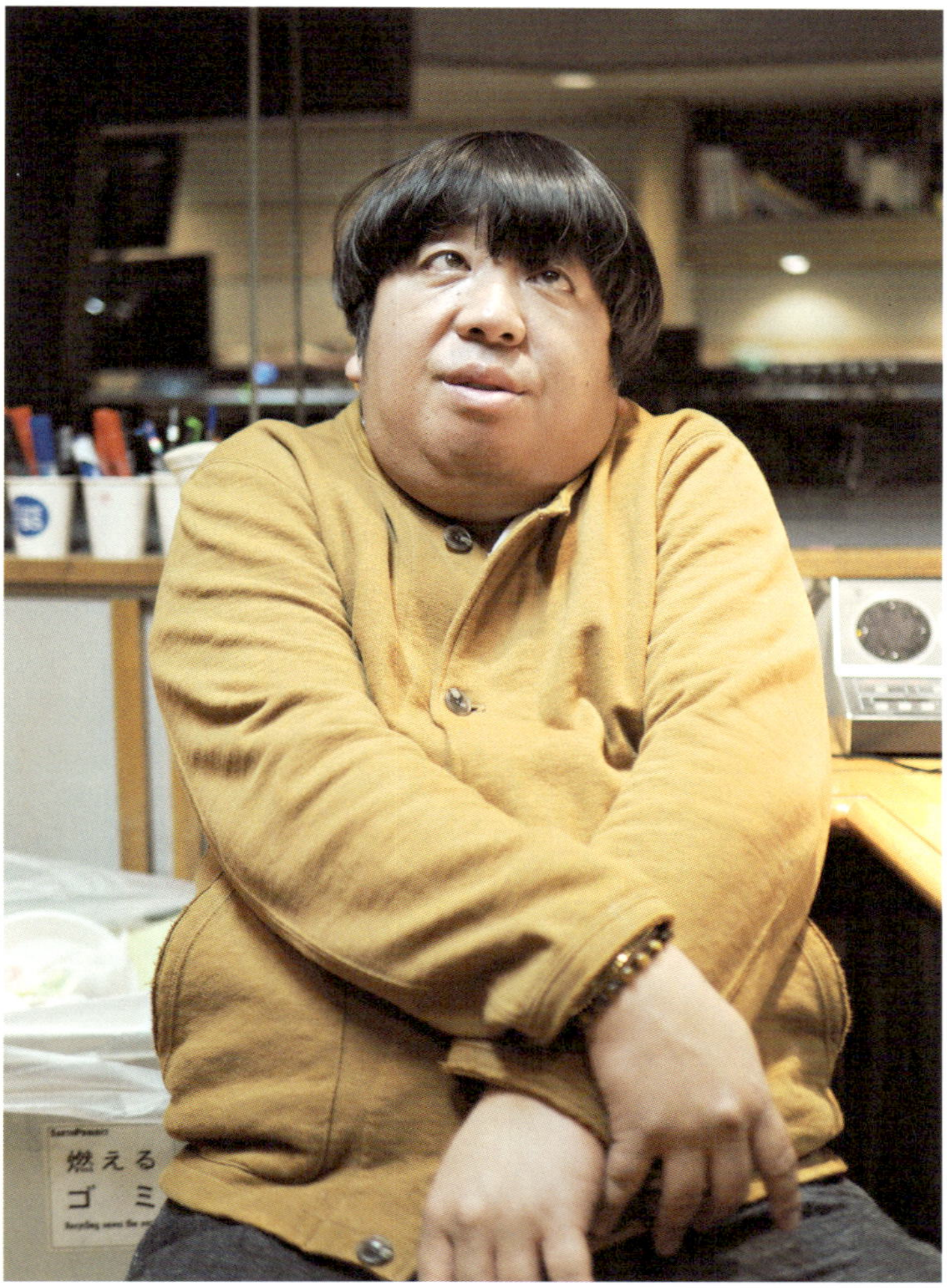
燃える
ゴミ

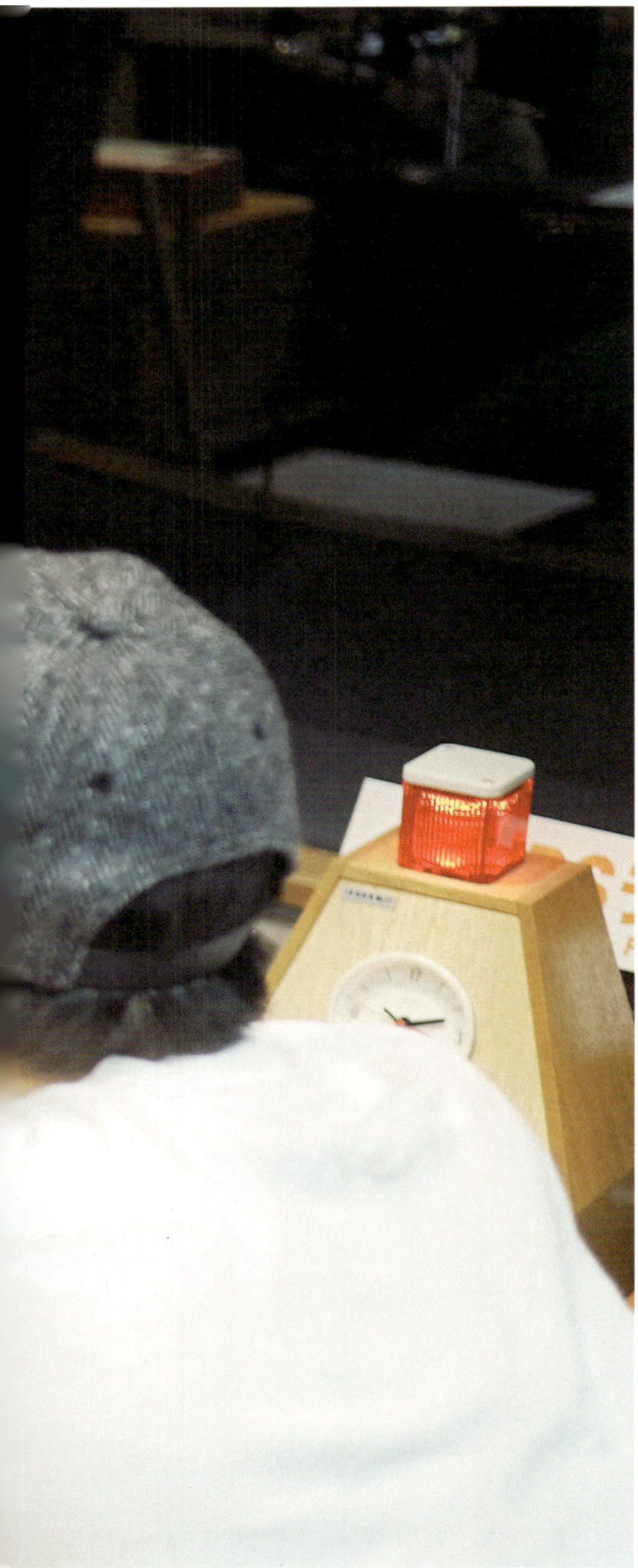

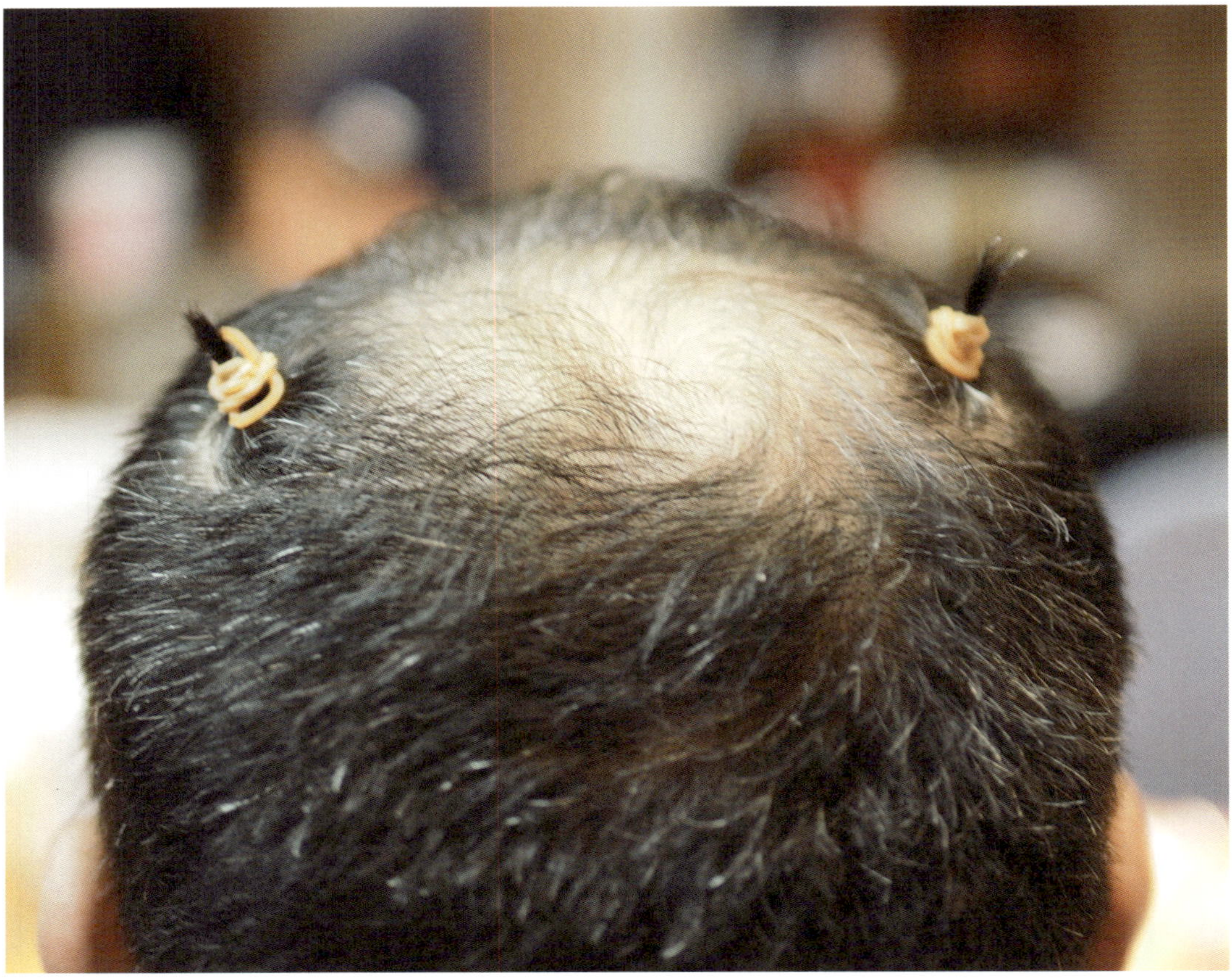

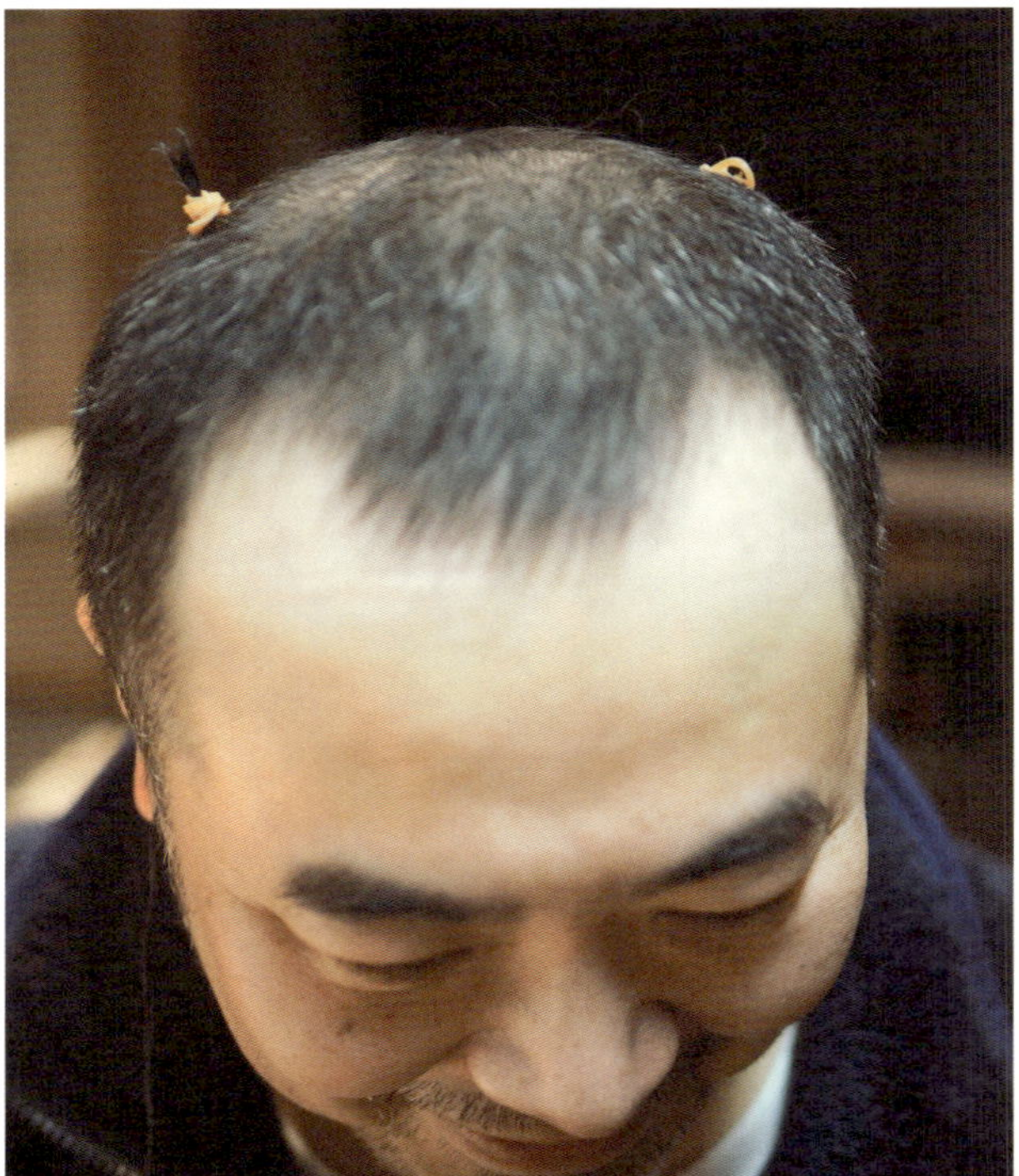

TBS
祝 ホールインワン
祝 返り咲き

祝
ホールインワン
犯人
犯人

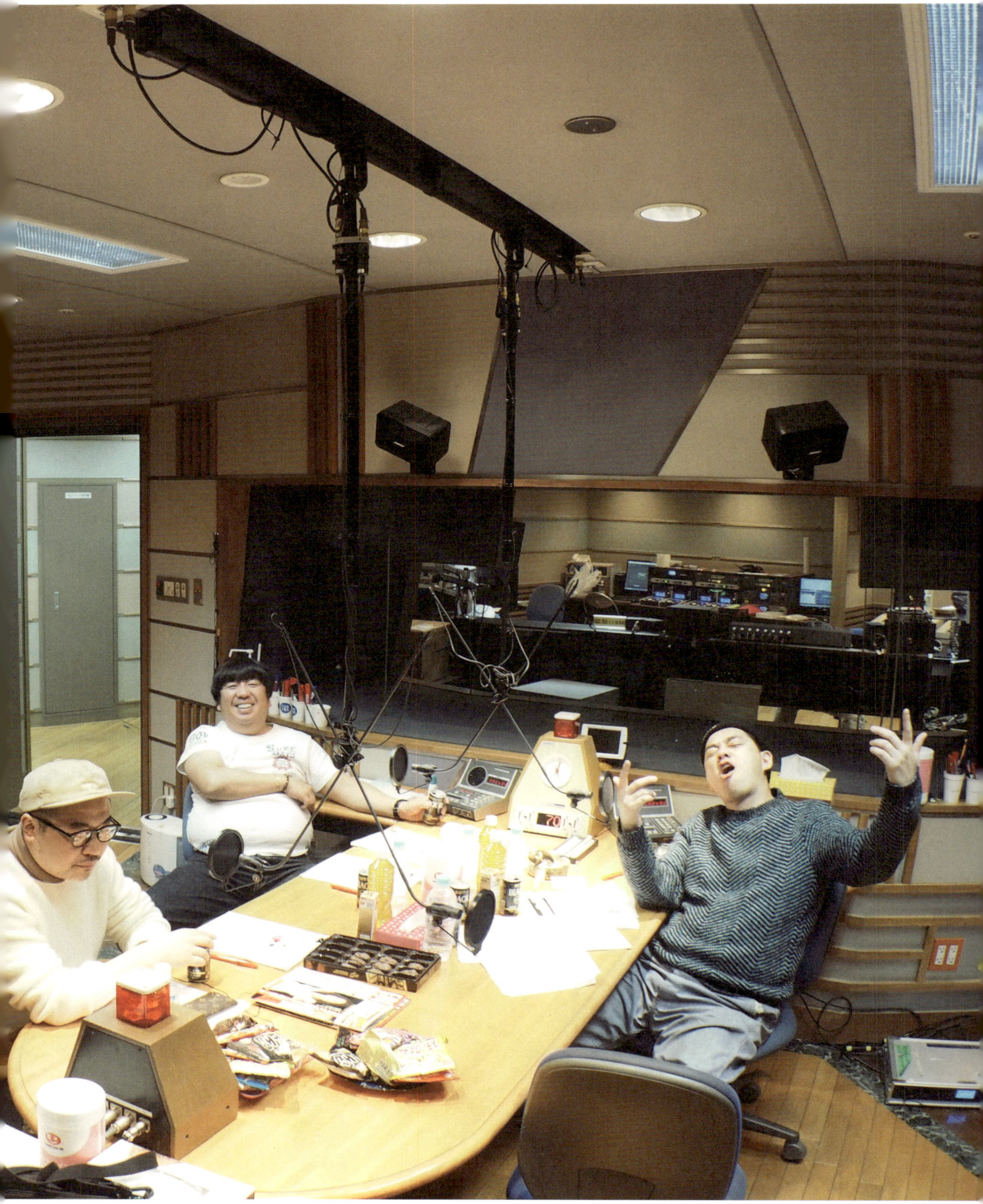

TBS

2018.04.07

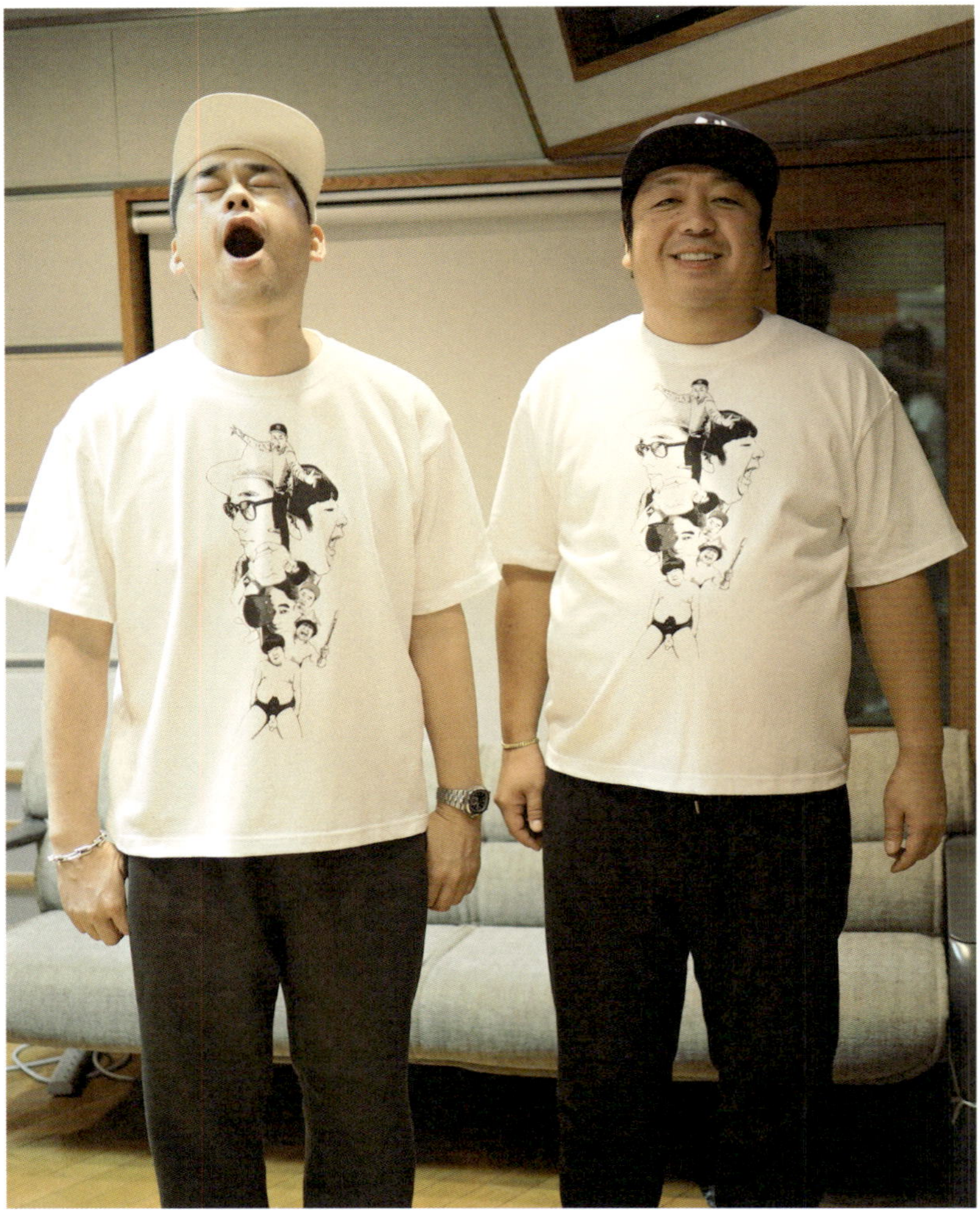

TBSラジオ

TBSラジオ
Happy Birthday

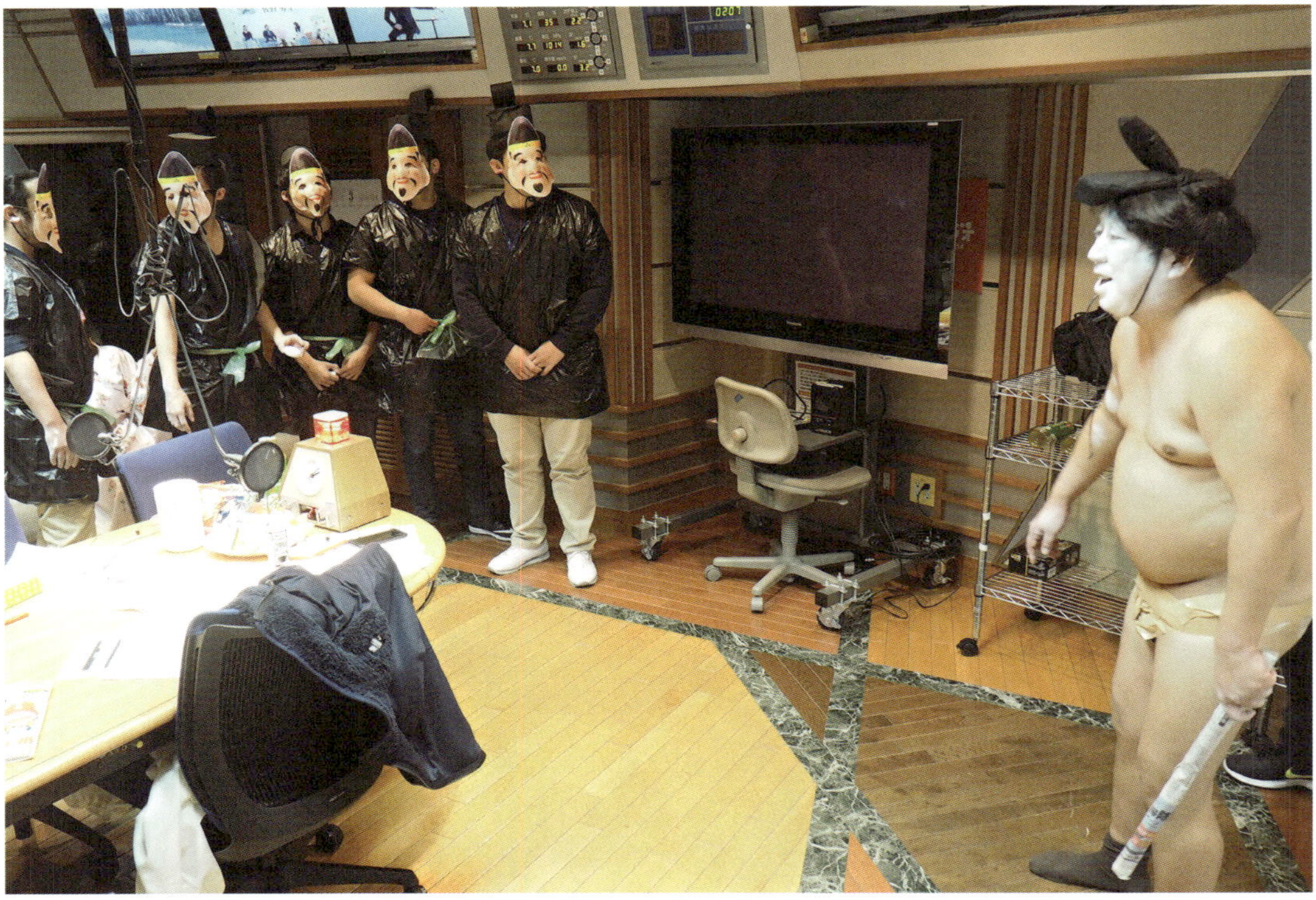

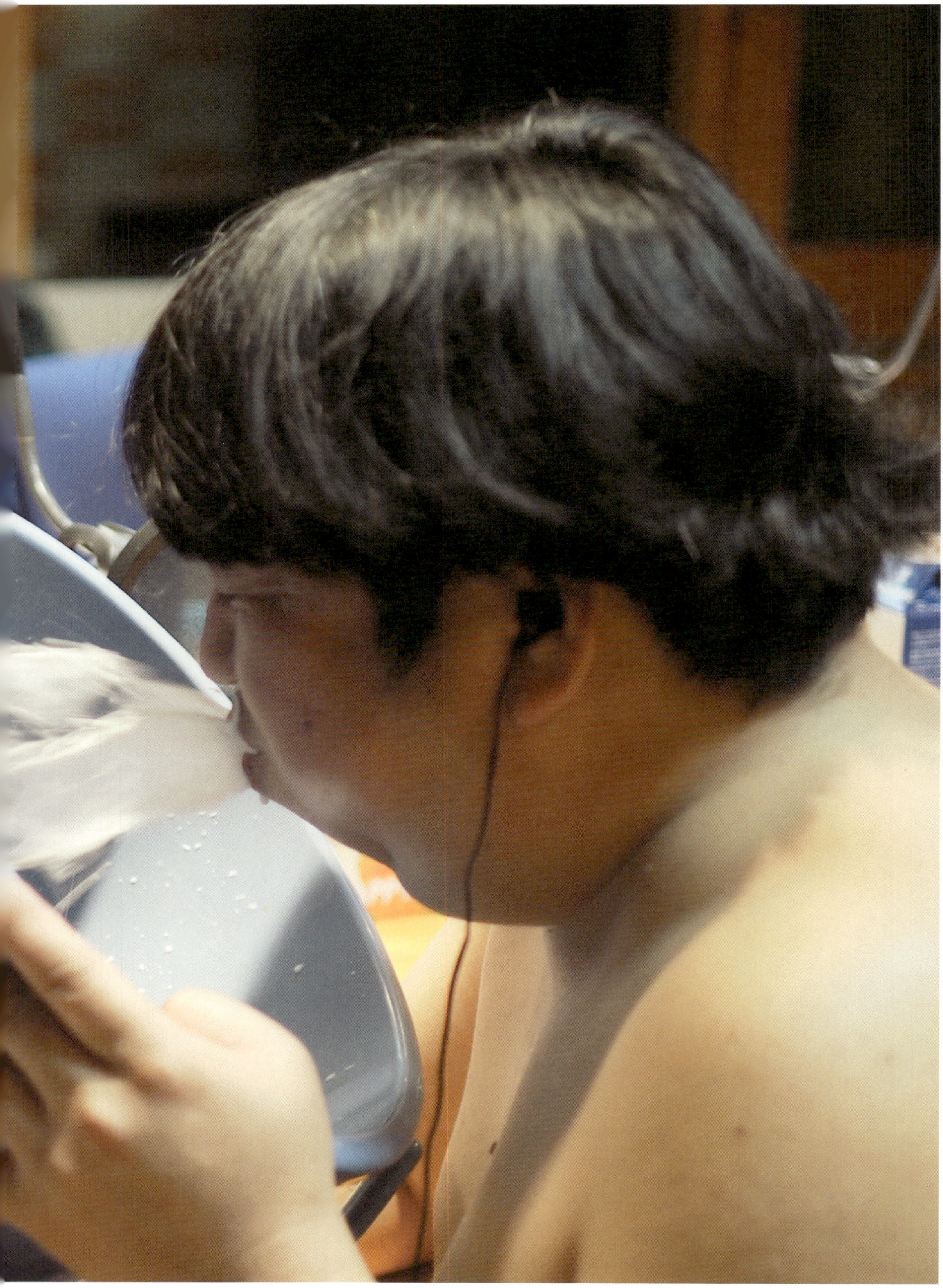

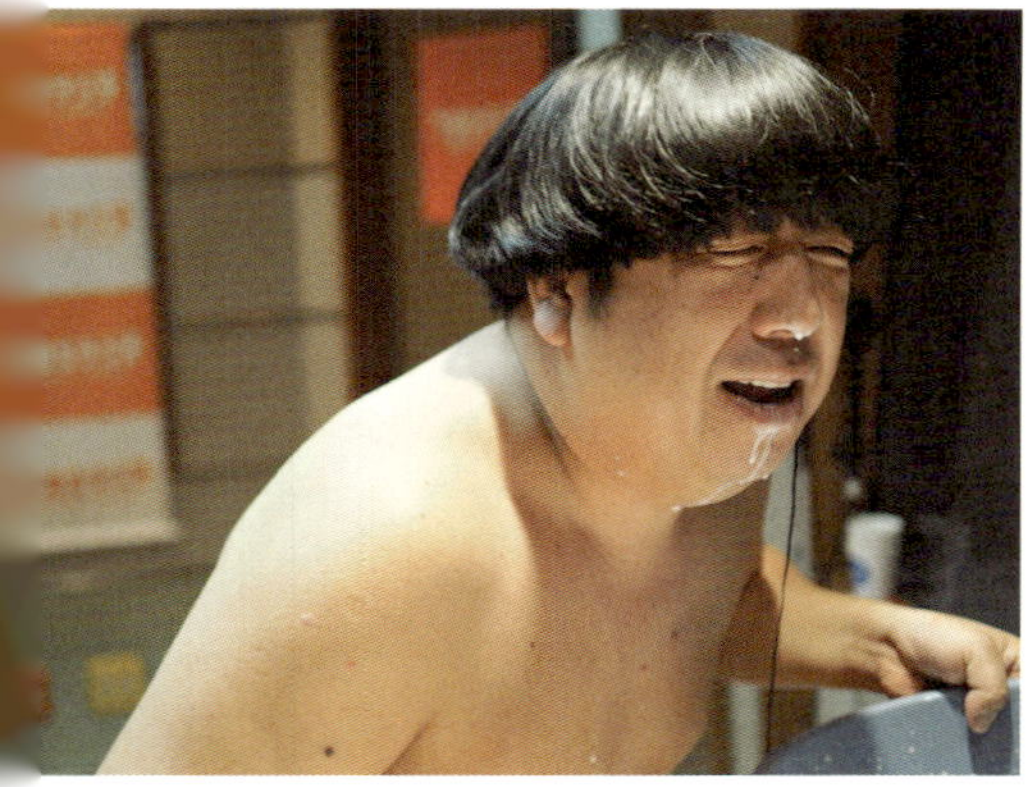

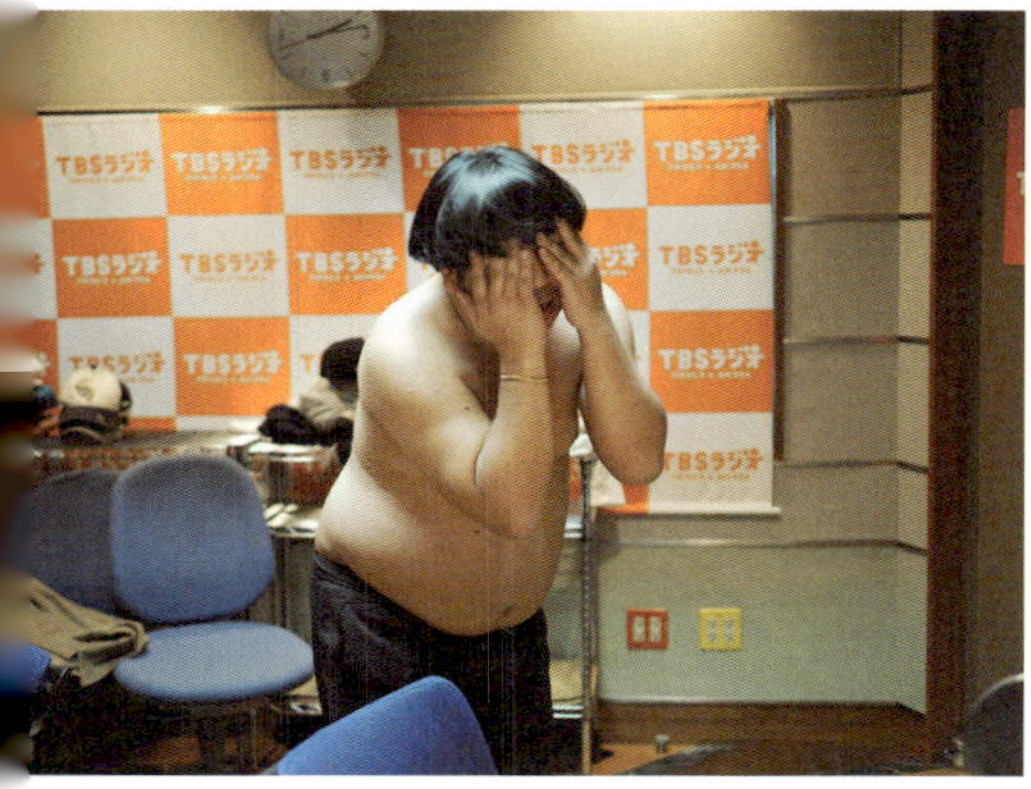
TBSラジオ

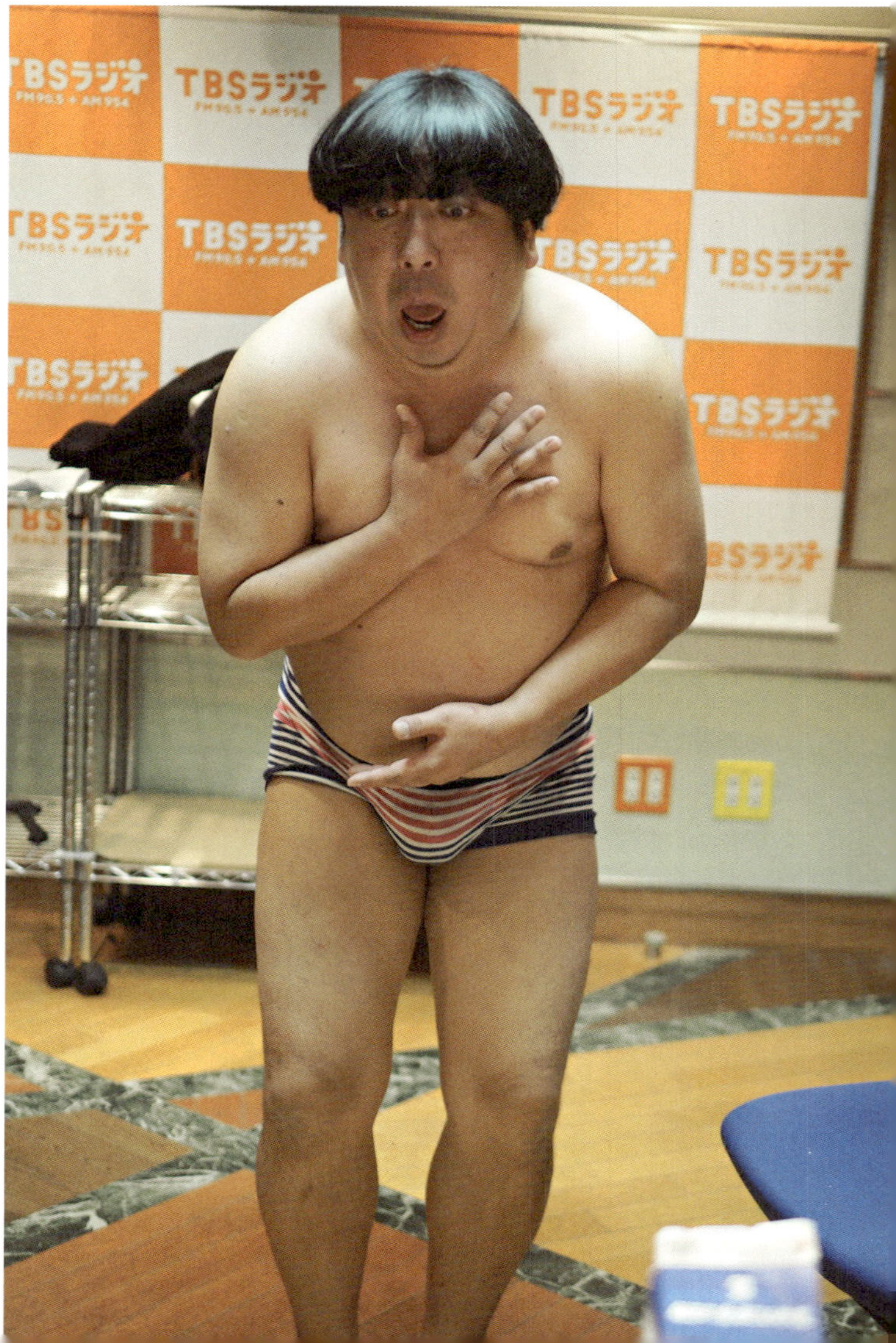
TBSラジオ
FM90.5 + AM954

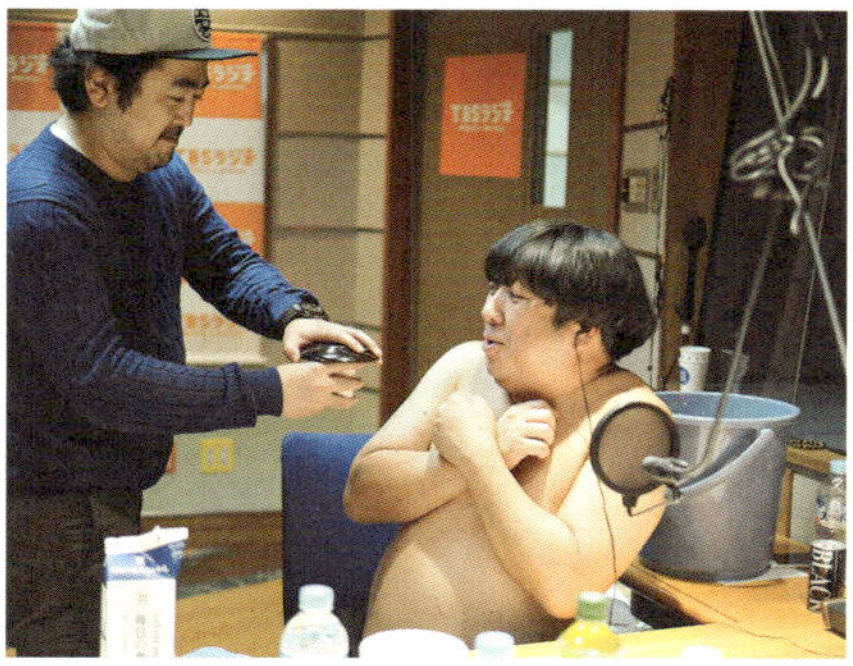
TBSラジオ

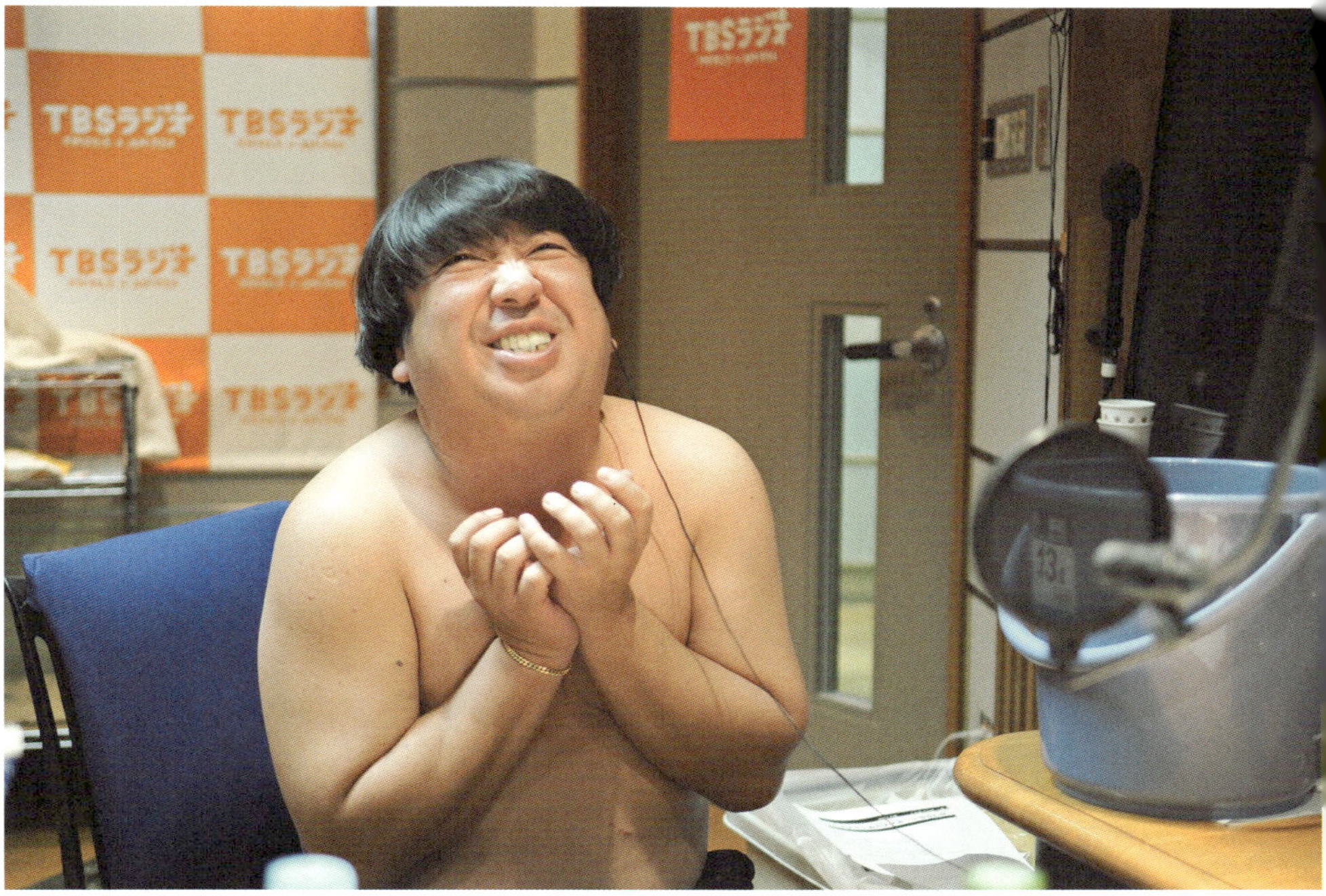
TBSラジオ

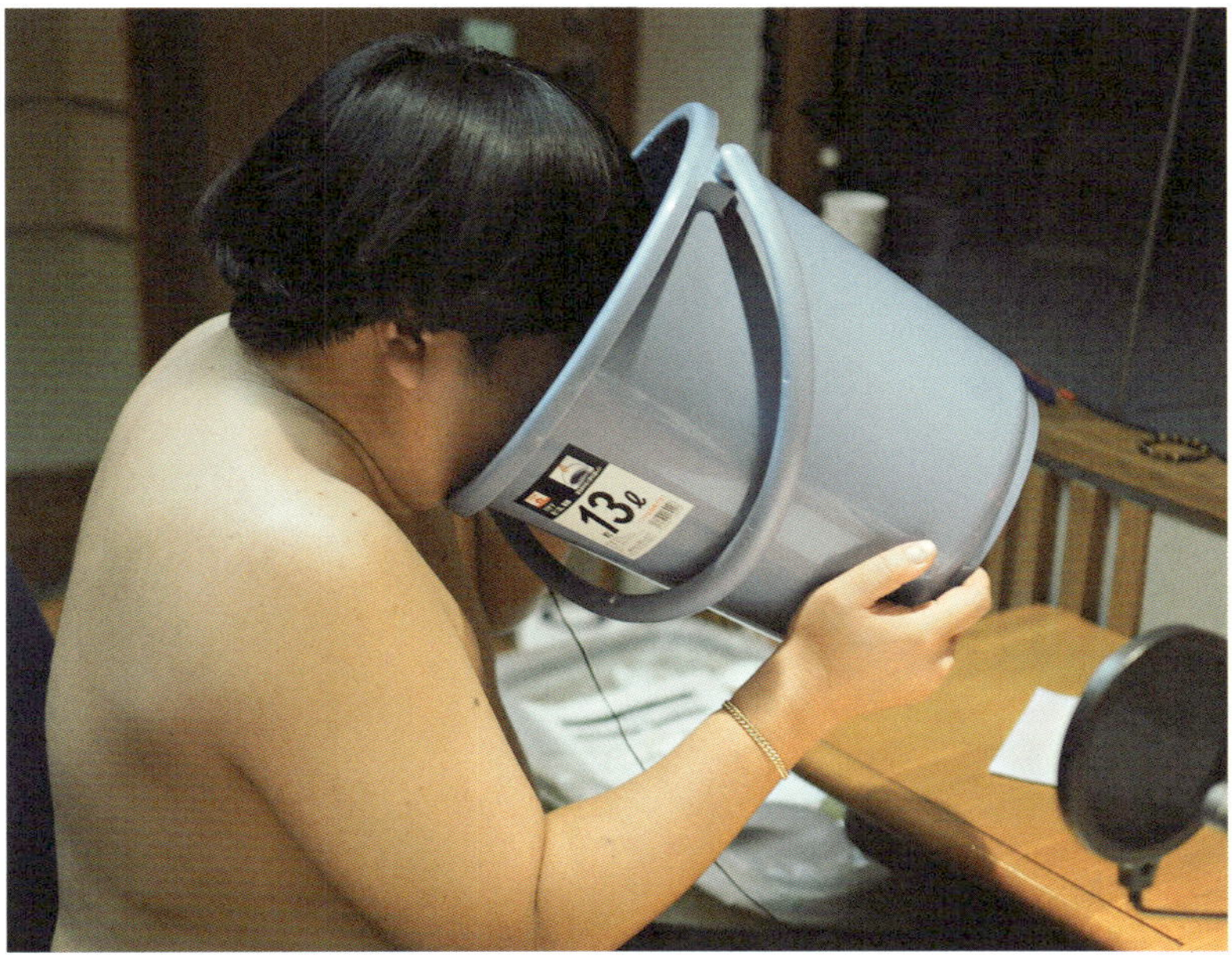
13ℓ

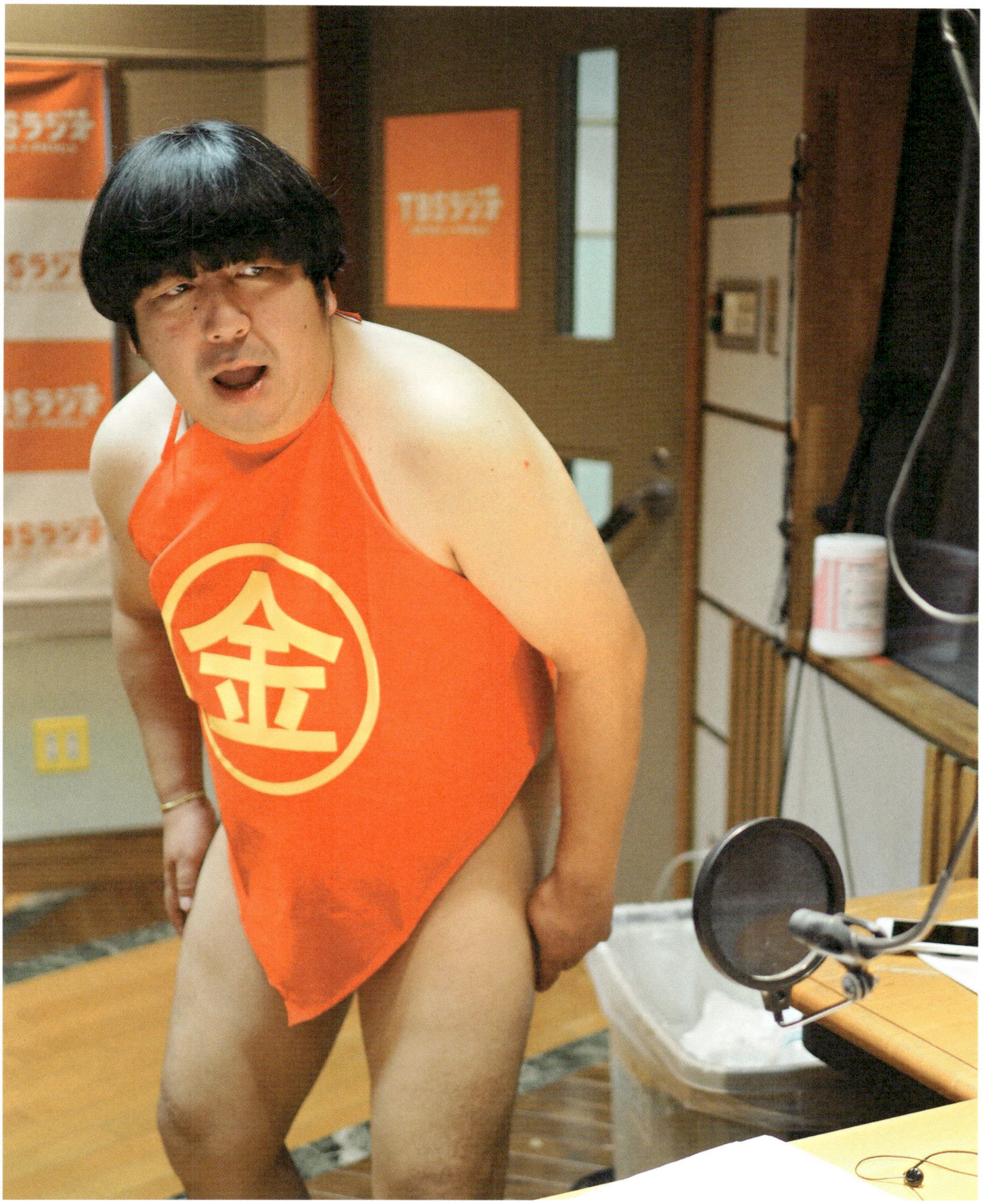
金

TBSラジオ
FM90.5 + AM954

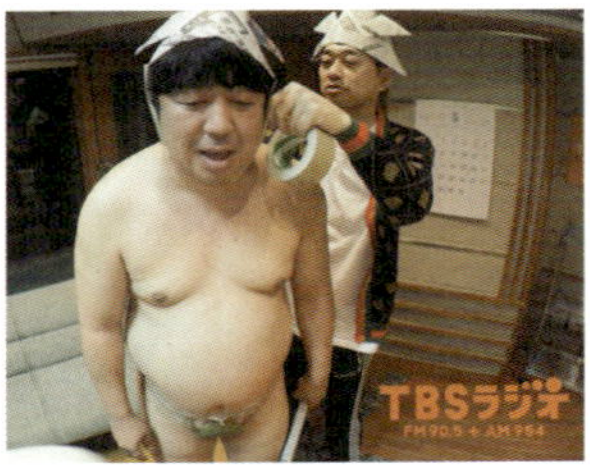
TBSラジオ
FM90.5 + AM954

TBSラジオ
FM90.5 + AM954

Happy Birthday!!!!

TBSラジオ
AM954 + FM90.5

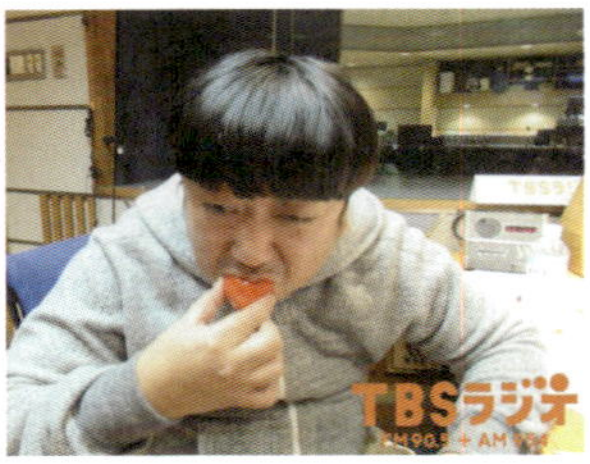
TBSラジオ

TBSラジオ

バナナマンのバナナムーンGOLD
©TBSラジオ

TBSラジオ
FM90.5 + AM954

TBSラジオ
FM90.5 + AM954

TBSラジオ
FM90.5 + AM954

©バナナムーンGOLD

TBSラジオ
FM90.5 + AM954

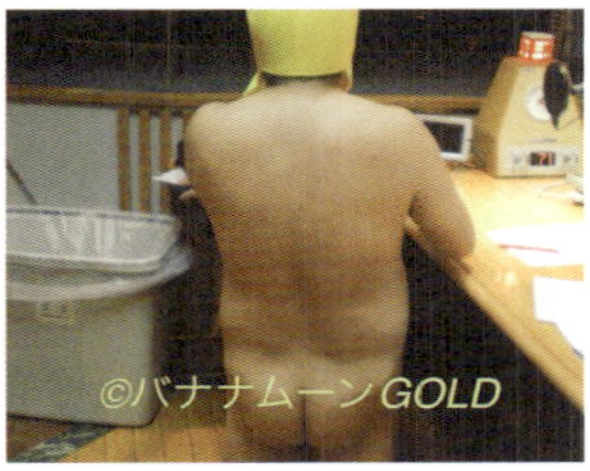
©バナナムーンGOLD

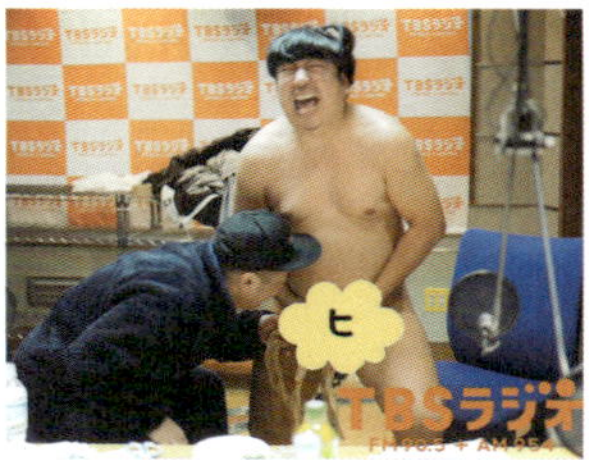
TBSラジオ

©バナナムーンGOL
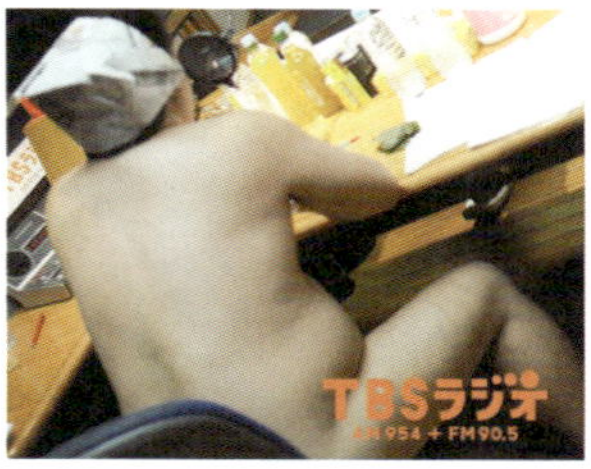
TBSラジオ
AM954 + FM90.5
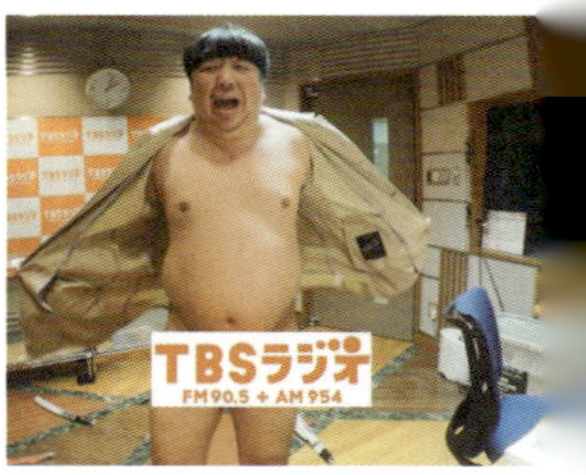
TBSラジオ
FM90.5 + AM954

TBSラジオ
FM90.5 + AM954

TBSラジオ
FM90.5 + AM954
TBSラジオ
FM90.5 + AM954

TBSラジオ

TBSラジオ

TBSラジオ

TBSラジオ
AM954 + FM90.5

TBSラジオ
FM90.5 + AM954

STAND BY
TBSラジオ
FM90.5 + AM954

うっそ～！
エイプリルフ～ル～～！
©TBSラジオ
TBSラジオ
ナナマンのバナナムーンGOLD

TBSラジオ
ON AIR
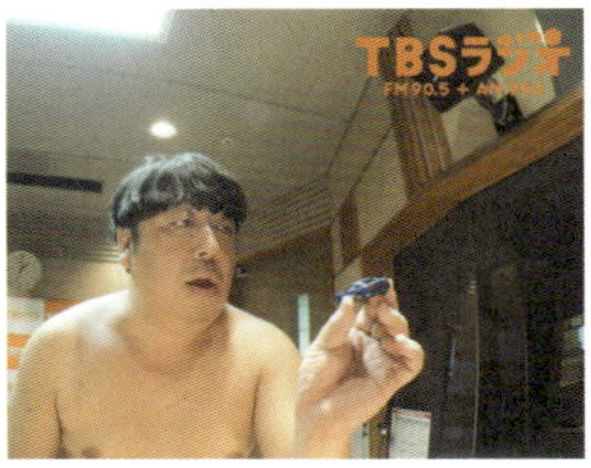
TBSラジオ

TBSラジオ
FM90.5 + AM954

燃える
ゴミ

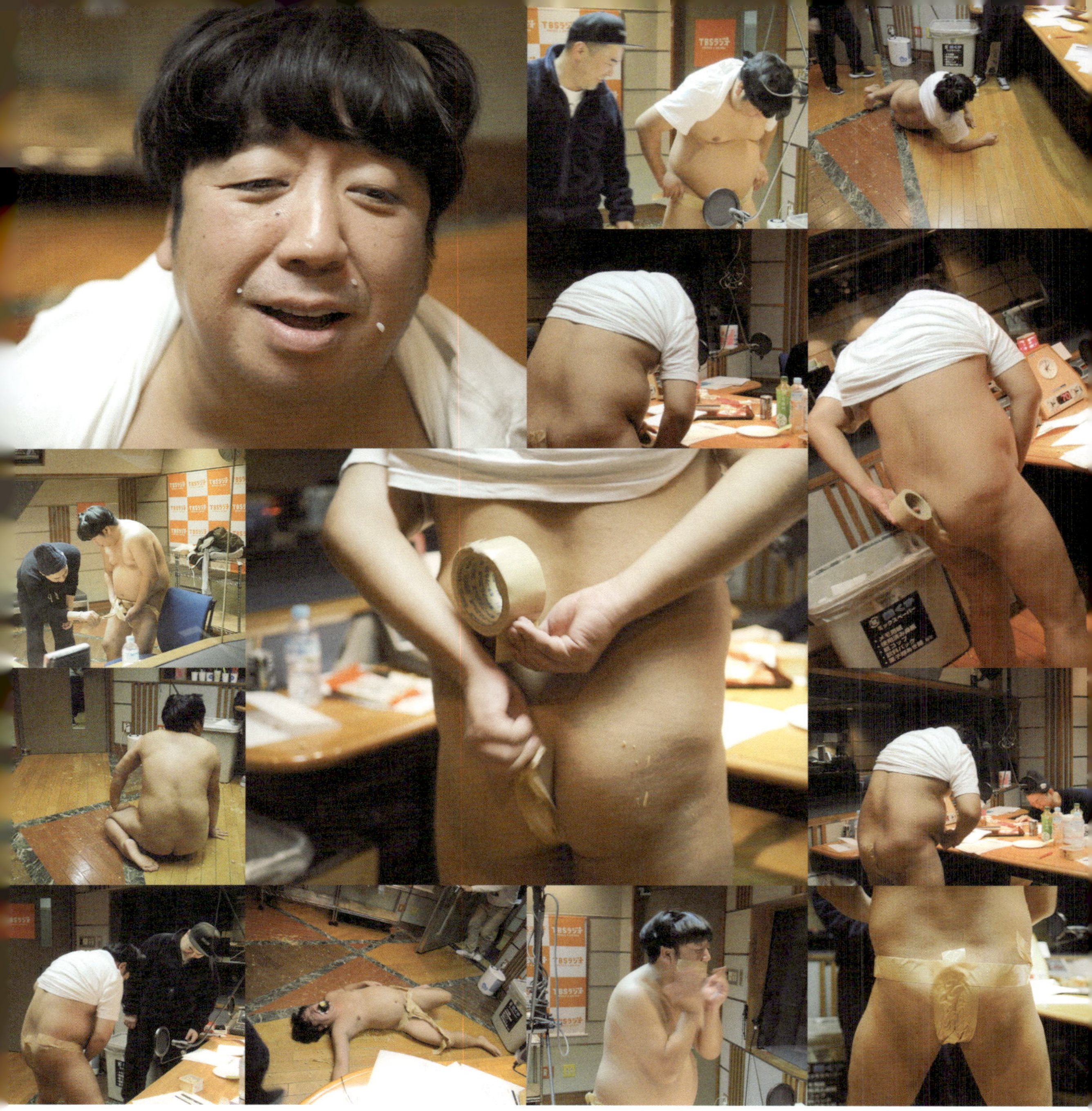
TBSラジオ

TBSラジオ

TBS

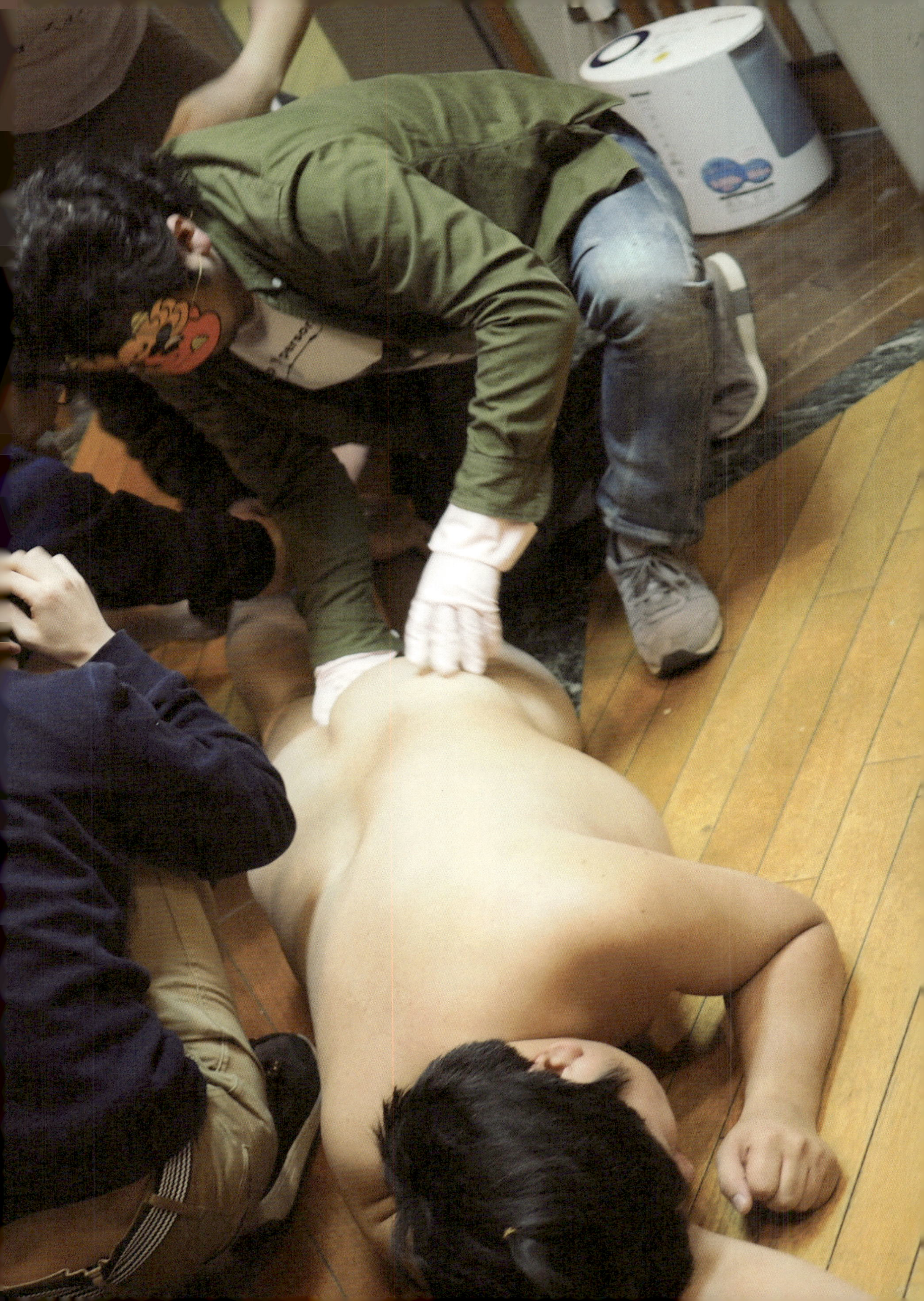

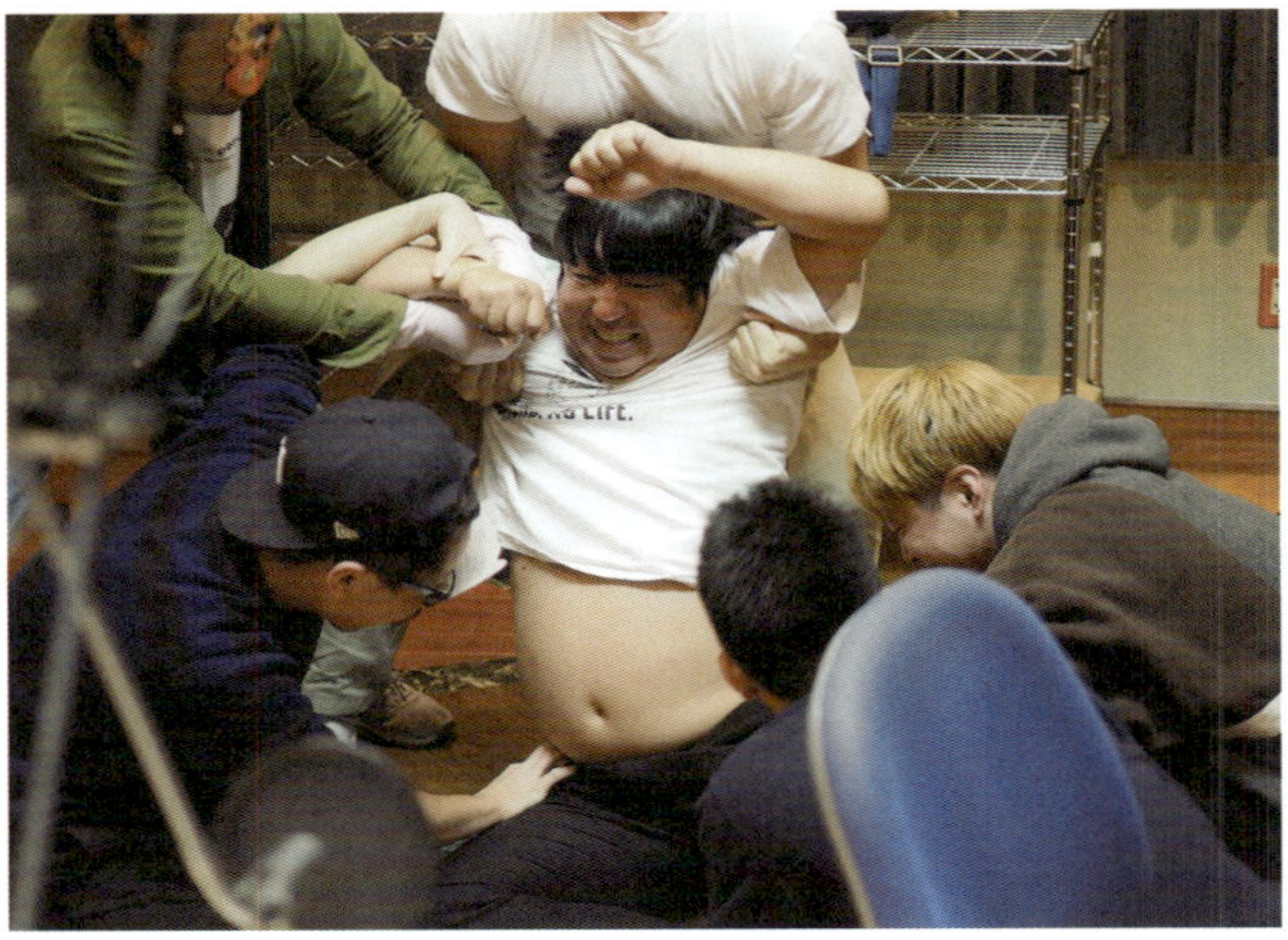
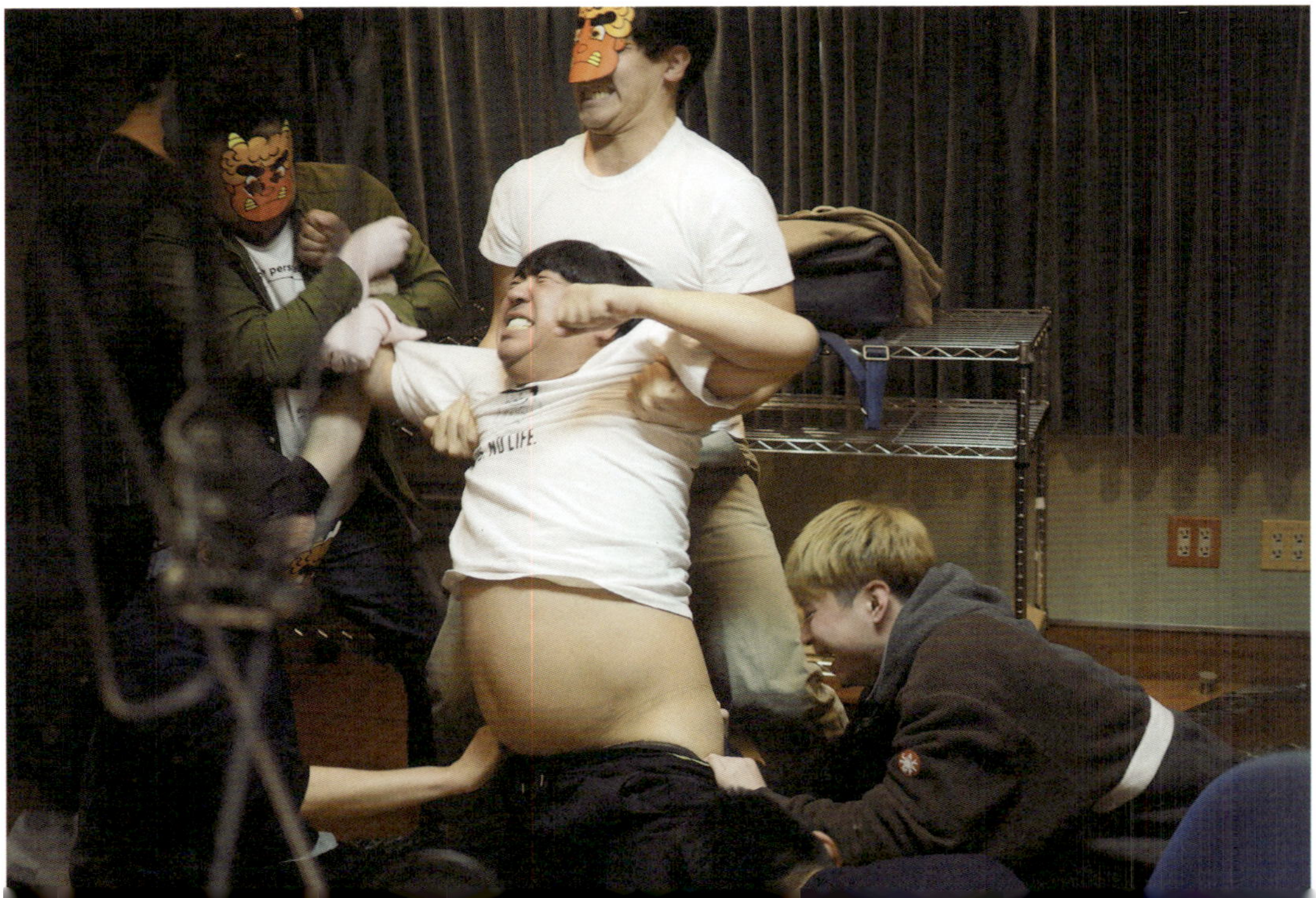

NO LIFE.

TBS
THE

IMセット確認

TBSラジ
AM 954 + FM90.5

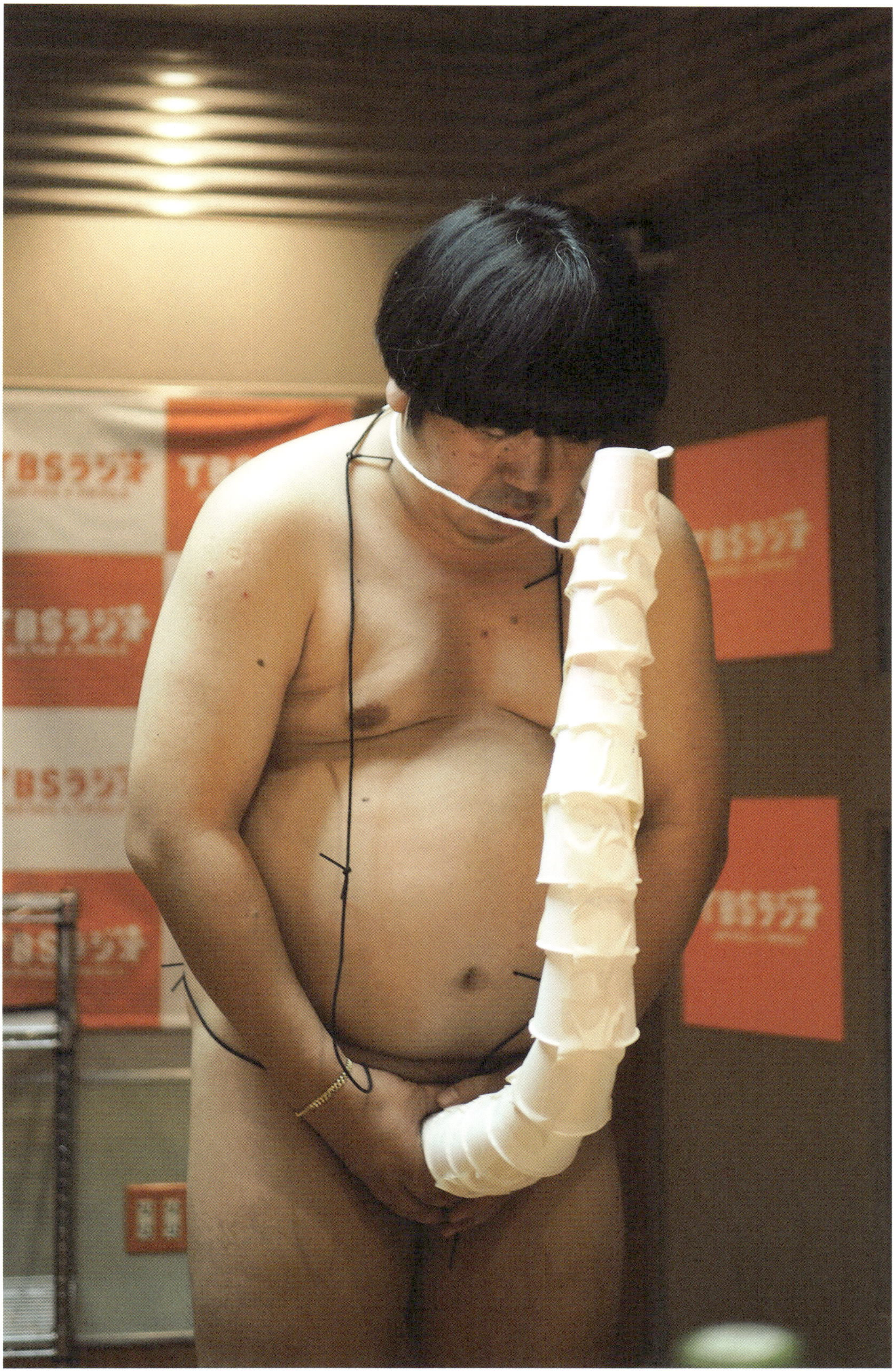
TBSラジオ

カリンチョ

YALE

©バナナムーンGOLD
ツインテールの日
本日は、ムーゴー放送です。
Happy Halloween！
2016.11.11
ポッキーの日
TBSラジオ
バナナマンの
©TBSラジオ

©バナナムーンGOLD
カリンチョ
今日はムーゴー
TBSラジオ
バナナマンの
バナナムーンGOLD
T-STYLE 普及大作戦本部
横綱
YOKOZUNA
SUSHI & JAPANESE RESTAURANT
バナナマン
バルシャーク
肉食恐竜
シンバ風の楽屋入り
今日はムーゴー放送
日村勇紀を笑わせる
2016winter開催中
T-BACK

TBSラジオ
祝
ホールインワン

犯人

勅令
随身保命
TBSラジオ

SONY

MAYOR DALY
FORDHAM
NEW YORK

TBS

0 :02
バ
SNKDKK

TBSラジオ
FM90.5 + AM954

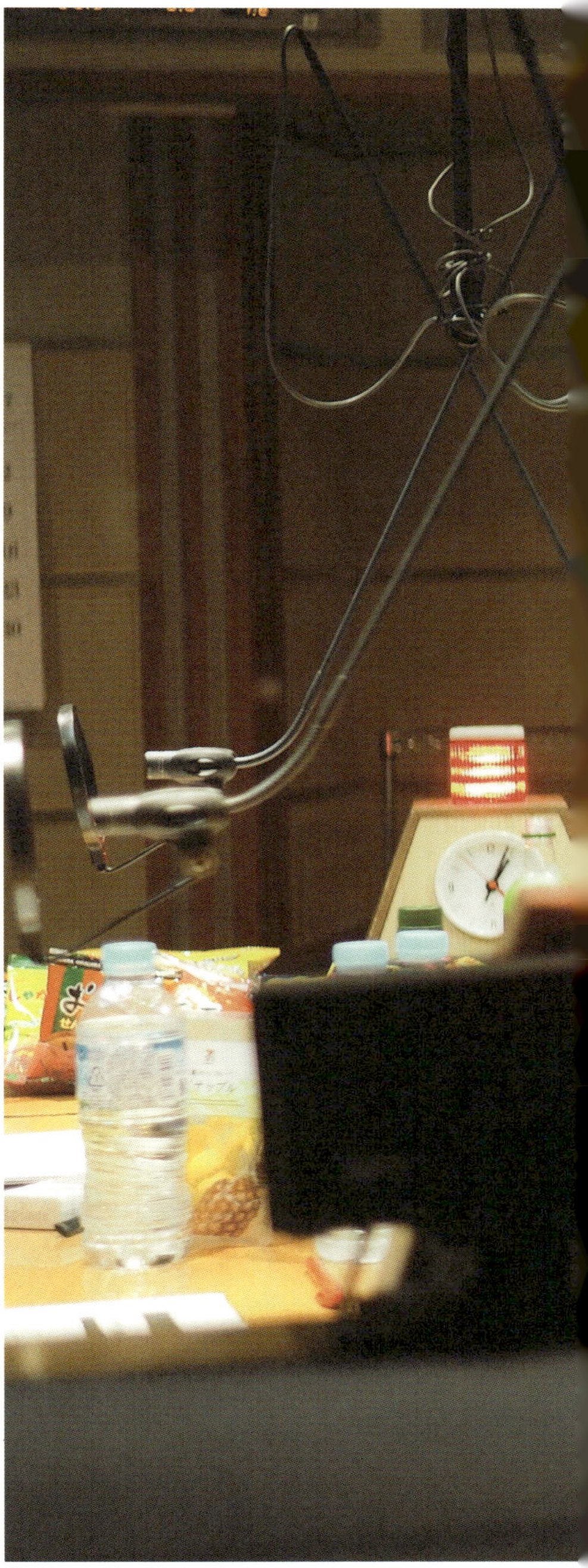

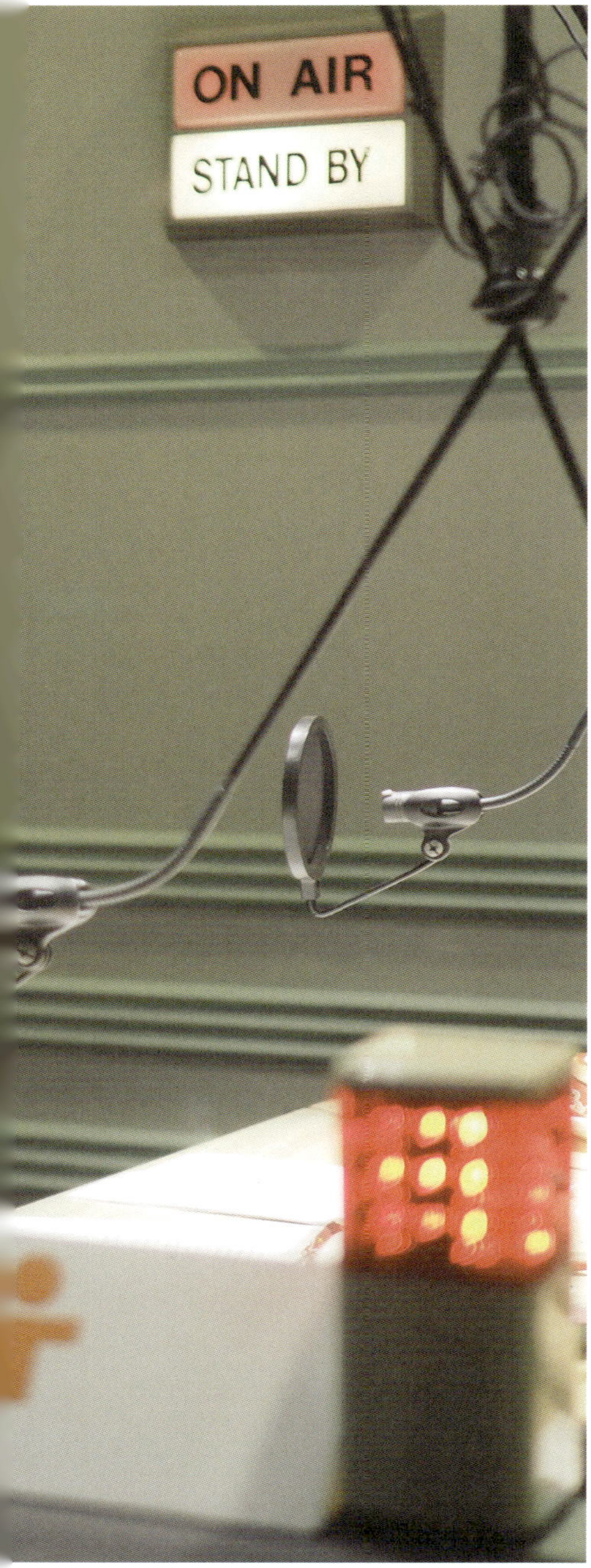
ON AIR
STAND BY

TBSラジ
FM90.5 + AM 9

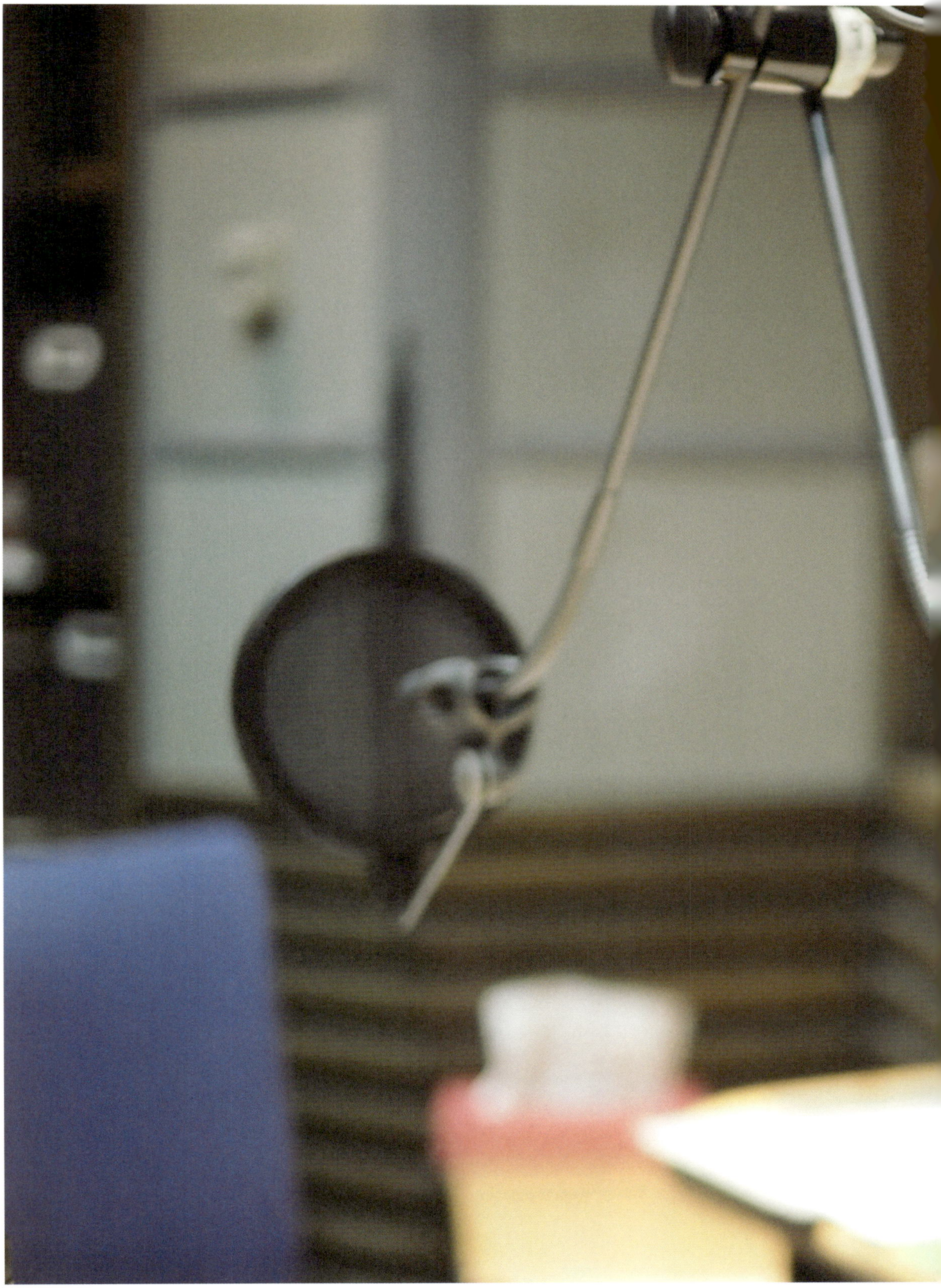

PHOTO BOOK

TBS JUNK

BANANA MOON GOLD

10 YEARS BOOK